ゼロからはじめる

ユーチューブ
YouTube

投稿

JN051408

リンクアップ **著**

技術評論社

▶ CONTENTS

Chapter 1
YouTubeについて知る

Section 01　YouTubeとは ･･ **8**

Section 02　YouTubeでできること ････････････････････････････････ **10**

Section 03　YouTubeアプリをインストールする･･･････････････････ **12**

Section 04　ブラウザでYouTubeのトップページを開く･･･････････ **14**

Section 05　YouTubeにログインするとできること ････････････････ **16**

Section 06　Googleアカウントを設定する･････････････････････････ **18**

Section 07　Googleアカウントでログインする ････････････････････ **22**

Section 08　パソコンでYouTubeの画面を確認する ･････････････････ **24**

Chapter 2
YouTubeの動画を視聴する

Section 09　動画を再生する ･････････････････････････････････････ **28**

Section 10　投稿者の別の動画を再生する ･･････････････････････ **30**

Section 11　気になる動画を「後で見る」に登録する･･････････ **32**

Section 12　好きな動画のチャンネルを登録する ････････････････ **34**

Section 13　以前視聴した動画を見る ･･･････････････････････････ **36**

Section 14　動画に評価やコメントを投稿する ････････････････ **38**

Section 15　動画を再生リストに登録する ････････････････････ **40**

Section 16　再生リストの名前を変更する ････････････････････ **42**

Section 17　再生リストの動画の順番を変更する ································· **44**

Section 18　ショート動画を視聴する ······································· **46**

Chapter 3

自分のチャンネルを作成する

Section 19　チャンネルとは ·· **50**

Section 20　新しいチャンネルを作成する ··································· **52**

Section 21　チャンネルの名前を変更する ··································· **54**

Section 22　チャンネルの説明を入力する ··································· **56**

Section 23　検索のキーワードを設定する ··································· **58**

Section 24　プロフィールの写真を設定する ································· **60**

Section 25　バナー画像を変更する ··· **62**

Section 26　SNS・ブログのリンクやメールアドレスを設定する ············· **68**

Chapter 4

動画を投稿する

Section 27　動画投稿のルールを確認する ··································· **74**

Section 28　YouTubeに投稿できる動画について知る ······················ **76**

Section 29　動画の撮影に必要なものを確認する ····························· **78**

Section 30　動画を撮影する際の注意点 ····································· **80**

CONTENTS

Section 31 動画を投稿する 82

Section 32 SMSでアカウントを確認する 90

Section 33 動画のタグや説明を設定する 92

Section 34 動画の非公開／公開を切り替える 94

Section 35 相手を限定して動画を公開する 96

Section 36 ショート動画を投稿する 98

Section 37 動画のサムネイルを設定する 104

Chapter 5

動画を編集する

Section 38 動画の編集について確認する 108

Section 39 動画の不要な部分を切り出す 110

Section 40 動画にBGMを追加する 112

Section 41 動画に字幕を追加する 114

Section 42 動画の最後に案内を入れる 116

Section 43 情報カードで宣伝する 120

Section 44 動画にロゴを入れる 122

Section 45 動画のサムネイルを作成する 124

Section 46 映ってはいけない部分をぼかす 128

Chapter 6

チャンネルを管理する

Section 47　チャンネルの管理画面を確認する ⋯⋯⋯⋯⋯⋯⋯⋯⋯⋯⋯⋯⋯ **132**

Section 48　トップページに人気の動画を表示させる ⋯⋯⋯⋯⋯⋯⋯⋯⋯ **134**

Section 49　未登録者向けの紹介動画を表示する ⋯⋯⋯⋯⋯⋯⋯⋯⋯⋯⋯ **136**

Section 50　登録者向けにおすすめ動画を表示する ⋯⋯⋯⋯⋯⋯⋯⋯⋯ **138**

Section 51　投稿した動画の再生リストを作成する ⋯⋯⋯⋯⋯⋯⋯⋯⋯⋯ **140**

Section 52　承認したコメントのみ表示する ⋯⋯⋯⋯⋯⋯⋯⋯⋯⋯⋯⋯⋯⋯ **142**

Section 53　承認したユーザーのコメントを常に表示する ⋯⋯⋯⋯⋯⋯ **146**

Section 54　特定の人のコメントをブロックする ⋯⋯⋯⋯⋯⋯⋯⋯⋯⋯⋯ **148**

Section 55　すべてのコメントを投稿できないようにする ⋯⋯⋯⋯⋯⋯ **150**

Chapter 7

動画の再生回数を増やす

Section 56　動画の再生回数がカウントされるしくみを知る ⋯⋯⋯⋯⋯ **152**

Section 57　YouTubeアナリティクスで分析する ⋯⋯⋯⋯⋯⋯⋯⋯⋯⋯ **154**

Section 58　視聴者を引き付ける工夫をする ⋯⋯⋯⋯⋯⋯⋯⋯⋯⋯⋯⋯⋯ **158**

Section 59　視聴維持率を上げる工夫をする〜動画の序盤 ⋯⋯⋯⋯⋯ **160**

Section 60　視聴維持率を上げる工夫をする〜動画の中盤 ⋯⋯⋯⋯⋯ **162**

Section 61　視聴維持率を上げる工夫をする〜エンディング ⋯⋯⋯⋯ **164**

Section 62　視聴維持率を上げる工夫をする〜公開後 ⋯⋯⋯⋯⋯⋯⋯⋯ **166**

Section 63　再生リストを作成する ⋯⋯⋯⋯⋯⋯⋯⋯⋯⋯⋯⋯⋯⋯⋯⋯⋯⋯ **168**

Section 64　評価・コメントをしてもらう工夫をする ⋯⋯⋯⋯⋯⋯⋯⋯⋯⋯ **170**

Section 65　SNS・ブログにYouTubeの動画を貼り付ける ⋯⋯⋯⋯⋯⋯⋯ **172**

第 **1** 章

YouTubeについて知る

Section **01** YouTubeとは

Section **02** YouTubeでできること

Section **03** YouTubeアプリをインストールする

Section **04** ブラウザでYouTubeのトップページを開く

Section **05** YouTubeにログインするとできること

Section **06** Googleアカウントを設定する

Section **07** Googleアカウントでログインする

Section **08** パソコンでYouTubeの画面を確認する

YouTubeとは

YouTube（ユーチューブ）とは、Googleが提供する、世界最大の動画共有・配信サイトです。本書では入門者を対象として、無料で利用できる基本的な動画再生や動画投稿の方法などを解説します。

YouTubeとは

YouTubeは、オンライン上で投稿されたさまざまな動画を視聴したり、自分で作成した動画を投稿して世界中のユーザーに見てもらったりできる、世界的なソーシャルメディアです。世界で23億人以上の人々が利用し、評価やコメントなどを通して交流できる動画共有プラットフォームの役割を担っています。

YouTube最大の特徴である動画の視聴・投稿は、基本的に無料で楽しむことができます。インターネットにさえ接続されていれば、スマートフォンのアプリやタブレット、普段使用しているWebブラウザなどから、いつでも利用を開始できます。また、有料プランのYouTube Premium（ユーチューブプレミアム）にアップグレードすると、動画の視聴中に広告やCMが表示されなくなったり、オフライン再生が可能になるなどのメリットがあります。詳しくはP.48MEMOを参考にしてください。

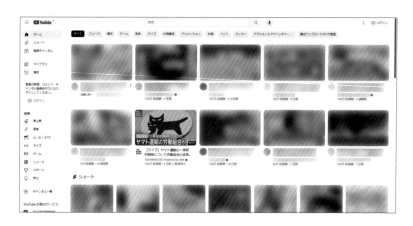

▶ YouTubeの特徴

● 豊富なコンテンツ

YouTubeでは個人や企業・団体などのユーザーが、音楽、スポーツ、子ども向けなど、幅広いジャンルの情報やエンターテインメントを提供しています。また、世界中のユーザーが気持ちよく利用できるようにするため、複数のガイドラインが設けられています（Sec.27参照）。

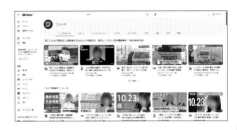

● 撮影・編集した動画の投稿

誰でも、撮影・編集した動画をYouTubeに投稿して、世界に向けて発信できます（Sec.31参照）。パソコンのほか、スマートフォンやタブレットからの投稿も可能です。なお、動画を投稿するには、Googleアカウントの作成とログインが必要です（Sec.06～07参照）。

● 広告収入

YouTubeは広告収入によって運営されています。企業や個人が、サービスのマーケティングやビジネスプロモーションなどを目的として、広告を運用しています。無料で動画を視聴していると、動画の投稿者の設定によっては、視聴中に広告が表示されることがあります。YouTube Premiumにアップグレード（P.48MEMO参照）すると、広告を非表示にすることができます。

YouTubeでできること

YouTubeでは、動画の視聴や投稿だけではなく、さまざまな機能が備わっています。無料版と有料版のどちらを使用しているのか、YouTubeにログインしているのかなどによって、できることが異なります。

YouTubeでできること

YouTubeは基本的に無料で多様なジャンルの動画を視聴できます。Googleアカウントを作成（Sec.06参照）し、YouTubeにログインすると、お気に入りの配信者のYouTubeチャンネルを登録（Sec.12参照）したり、動画にコメントを入力したりできます。また、自身のYouTubeチャンネルを作成（Sec.19参照）し、動画を投稿して閲覧者と交流することもできるようになるうえ、多くの視聴者を獲得できれば、YouTuber（ユーチューバー）として収益を得られる魅力があります。同じアカウントでYouTubeにログインすれば、スマートフォンなどのほかのデバイスから再生リスト（Sec.15参照）や登録したチャンネルなどを共有でき、場所を問わずに動画の視聴や投稿を楽しむことができるため、自分のスタイルに合うように使い分けましょう。

●動画の検索・視聴

YouTubeで動画を視聴するには、スマートフォンの専用アプリを使うほか、パソコンなどのWebブラウザからYouTube Studio（Sec.21参照）にアクセスして操作する方法があります。

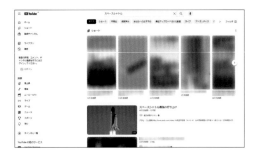

● 動画の投稿

YouTubeにログインすると、自分のYouTubeチャンネルを作成できます。自分が好きなものや趣味などをテーマに動画を作成し、自由に発信できます。

● 動画の共有·評価·コメント

気に入った動画は、メッセージサービスやSNSなどを通じて共有することができます。YouTubeにログインすると、動画の評価やコメントを残すことができます。

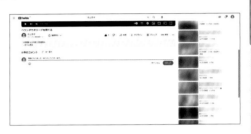

● チャンネル登録

YouTubeにログインすると、ほかの配信者のチャンネルを登録（Sec.12参照）することで、すばやく目的のチャンネルにアクセスできるようになります。

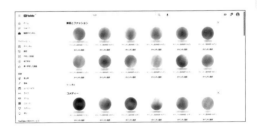

● 動画の収益化

自分のチャンネルにアップロードした動画を収益化することができます。収益化するには、YouTubeが定める要件を満たす必要があります（P.173MEMO参照）。

Section 03 YouTubeアプリをインストールする

Androidスマートフォンでは、YouTubeアプリが標準でインストールされていますが、iPhoneでは手動でインストールする必要があります。YouTubeアプリは誰でもかんたんに、無料でインストールできます。

iPhoneにYouTubeアプリをインストールする

(1) iPhoneのホーム画面で[App Store]をタップします。

(2) [検索]をタップし、検索バーに「youtube」と入力して[検索]をタップします。

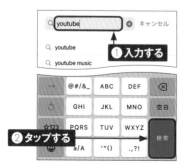

(3) YouTubeアプリの[入手] → [インストール]の順にタップします。

(4) Apple IDのパスワードを入力し[サインイン]をタップすると、アプリがインストールされます。

🎬 YouTubeアプリの画面構成（iPhone）

●ホーム画面の画面構成

❶キャスト	YouTubeアプリをChromecastに接続できます。
❷通知	メッセージや通知を確認できます。
❸検索	キーワードを入力してYouTube内を検索します。
❹探索	動画をジャンル別に探したり、ほかのYouTubeサービスを利用したりできます。
❺検索タブ	動画のジャンルが一覧で表示されます。
❻ホーム	YouTube上のアクティビティにもとづいた、おすすめの動画が表示されます。
❼ショート	ショート動画を視聴することができます。
❽作成	動画の撮影やアップロードを行うことができます。
❾登録チャンネル	登録したチャンネルの最新動画が表示されます。
❿マイページ	アカウント情報や再生履歴などを確認できます。

ブラウザでYouTubeの トップページを開く

YouTubeを利用するには、パソコンやスマートフォンのWebブラウザからアクセスする方法と、YouTubeアプリからアクセスする方法があります。ここでは、Webブラウザからアクセスします。

📹 YouTubeのトップページを開く（Androidスマートフォン）

(1) Androidスマートフォンのホーム画面で［Chrome］アプリをタップします。

(2) 画面上部の検索バーをタップします。

(3) 「youtube.com」と入力し、→をタップします。

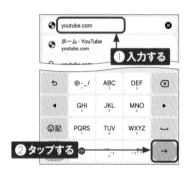

(4) YouTubeのトップページが表示されます。

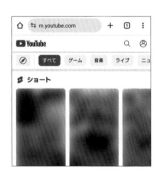

🎬 YouTubeのトップページを開く（パソコン）

① Webブラウザを起動し、アドレスバーをクリックします。

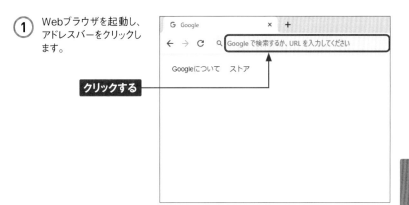

クリックする

② 「youtube.com」と入力し、Enterキーを押します。

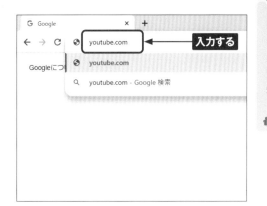

入力する

③ YouTubeのトップページが表示されます。

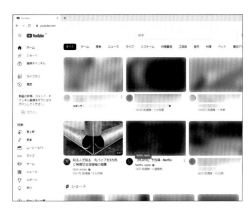

YouTubeに
ログインするとできること

Googleアカウントを作成してYouTubeにログインすることで、利用できる機能が増えます。複数のデバイスから同じGoogleアカウントでログインして、同じ再生リストを利用することもできます。

第1章 YouTubeについて知る

YouTubeにログインするとできること

YouTubeは、Googleアカウントを取得していなくても十分にコンテンツを楽しめる機能が備わっています。しかし、Googleアカウントでログインすることで、好みのコンテンツを探しやすくなったり、ほかのユーザーと交流できるなどのメリットがあります。

YouTubeにログインするには、Googleアカウントのメールアドレスと、アカウントを作成する際に設定したパスワードが必要です。作成したアカウントは、Googleが提供するほかのサービス（Gmail、Googleマップ、Googleカレンダー、Googleフォトなど）でも共通して利用できます。

●チャンネルに登録する

ほかのユーザーのチャンネルを登録すると、新しい動画がアップロードされたときや、お知らせが公開されたときなどに通知を受けとることができます。

●再生リストを作成・共有する

お気に入りの動画を再生リストに保存することができます。リストはジャンル別に作成できるほか、友人と共有して一緒に楽しむこともできます。

●「後で見る」に登録する

途中まで視聴した動画や気になる動画を一時的に「後で見る」リストに保存することで、後日まとめて視聴することができます。

●コミュニティツールを使用する

お気に入りのアーティストの動画や頻繁に利用するチャンネルにコメントや質問ができるほか、不適切な動画を報告／ブロックする、などの対応も可能です。

●再生を非公開にする

「シークレットモード」を有効にすることで、YouTube内でのアクティビティ記録を残さずに動画を視聴できます。

Section

06

Googleアカウントを設定する

Googleアカウントを作成すれば、YouTubeにログインして、すべての機能やサービスを利用することができます。YouTubeの機能を最大限に活用するために、複数のGoogleアカウントを作成しておくと便利です。

Googleアカウントを設定する（Androidスマートフォン）

① Androidスマートフォンのホーム画面を下から上方向にスワイプします。

② アプリ一覧画面が表示されます。[設定] をタップします。

③ [パスワードとアカウント] をタップします。

④ [アカウントを追加] をタップします。

⑤ [Google] をタップします。

アカウントの追加

- **d** docomo
- ✦ Dropbox
- ✦ Dropbox ← タップする
- **M** Exchange
- **G** Google
- ◻ Meet
- ◯ Microsoft 365
- ◯ OneDrive
- ◯ Xperia
- ◯ Zoom
- **M** 個人用 (IMAP)

⑥ [メールアドレスまたは電話番号]
をタップします。

Google
ログイン
Google アカウントでログインしましょう。詳細

メールアドレスまたは電話番号

メールアドレスを忘れた場合

アカウントを作成　　　タップする

次へ

⑦ 取得済みのGoogleアカウントの
メールアドレスを入力し、[次へ]
をタップします。

Google
ログイン
Google アカウントでログインしましょう。詳細

メールアドレスまたは電話番号
nishiyama0710susumu@gmail.com

メールアドレスを忘れた場合　❶入力する

アカウントを作成

❷タップする　　→　次へ

⑧ パスワードを入力し、[次へ] をタッ
プします。

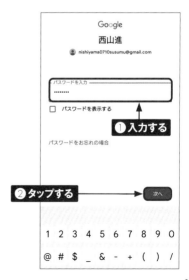

Google
西山進
● nishiyama0710susumu@gmail.com

パスワードを入力
....

☐ パスワードを表示する　❶入力する

パスワードをお忘れの場合

❷タップする　　→　次へ

1 2 3 4 5 6 7 8 9 0
@ # $ _ & - + ( ) /

19

⑨ 「2段階認証プロセス」画面が表示されたら本人確認を行います。ここでは [○○で確認コードを取得してください] をタップします。

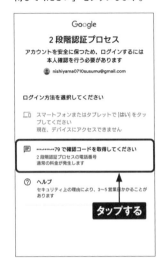

Google

2 段階認証プロセス

アカウントを安全に保つため、ログインするには本人確認を行う必要があります

🔵 nishiyama0710susumu@gmail.com

ログイン方法を選択してください

☐ スマートフォンまたはタブレットで [はい] をタップしてください
現在、デバイスにアクセスできません

📧 ••••••••79 で確認コードを取得してください
2段階認証プロセスの電話番号
通常の料金が発生します

❓ ヘルプ
セキュリティ上の理由により、3〜5営業日かかることがあります

タップする

⑩ Googleアカウントに追加した電話番号宛にコードが送信されるので入力し、[次へ] をタップします。

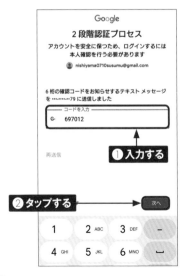

Google

2 段階認証プロセス

アカウントを安全に保つため、ログインするには本人確認を行う必要があります

🔵 nishiyama0710susumu@gmail.com

6 桁の確認コードをお知らせするテキスト メッセージを ••••••••79 に送信しました

コードを入力
G- 697012

❶ 入力する

再送信

❷ タップする ➡ 次へ

| 1 | 2 ABC | 3 DEF | — |
| 4 GHI | 5 JKL | 6 MNO | ⏎ |

⑪ [同意する] をタップします。

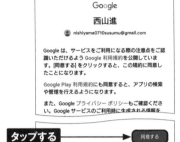

Google

西山進

🔵 nishiyama0710susumu@gmail.com

Google は、サービスをご利用になる際の注意点をご認識いただけるよう Google 利用規約を公開しています。[同意する] をクリックすると、この規約に同意したことになります。

Google Play 利用規約にも同意すると、アプリの検索や管理を行えるようになります。

また、Google プライバシー ポリシーもご確認ください。Google サービスのご利用時に生成される情報を

タップする ➡ 同意する

⑫ ここでは、[後で行う] をタップします。

Google

ログインしています

🔵 nishiyama0710susumu@gmail.com

Google アカウントを最大限に活用するためのおすすめの方法です

🔒 再設定用のメールアドレスや電話番号の追加または確認

🏠 自宅の住所を追加する

後で行う ⬅ **タップする**

⑬ スマートフォンにGoogleアカウントが設定されます。

所有者のアカウント

G nishiyama0710susumu@gmail.com
Google

G tomo1023siina@gmail.com
Google

⊙ Microsoft 365   **設定される**
Microsoft 365

d docomo
docomo

+ アカウントを追加

アプリデータを自動的に同期する

🖼 Googleアカウントを設定する（パソコン）

(1) Webブラウザを起動して、Googleのトップ画面（https://www.google.co.jp/）にアクセスし、[ログイン] をクリックします。

(2) Googleアカウントの種類を選択します。ここでは [アカウントを作成] → [仕事/ビジネス用] の順にクリックします。

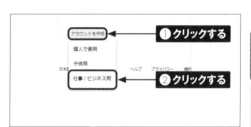

(3) 名前を入力し、[次へ] をクリックします。以降は画面の指示に従ってアカウント情報を設定します。

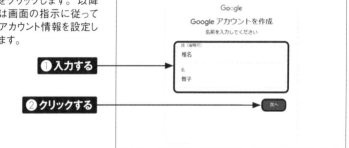

(4) Googleアカウントが作成されます。

Googleアカウントで
ログインする

Googleアカウントを作成したら、早速ログインしましょう。ここでは、Androidスマートフォンとパソコンからのログイン方法を解説します。

第1章　YouTubeについて知る

YouTubeにログインする（Androidスマートフォン）

(1) Androidスマートフォンのホーム画面で [Google] → [YouTube] の順にタップします。

(2) YouTubeアプリが起動します。

(3) スマートフォンにGoogleアカウントを設定していると（Sec.06参照）、YouTubeに自動的にログインされます。アカウントアイコンをタップします。

(4) 取得しているほかのGoogleアカウントでログインしたい場合は、[アカウントを追加] をタップします。

📹 YouTubeにログインする（パソコン）

① P.15を参考にYouTube
のトップページを表示し、
[ログイン]をクリックし
ます。

② Googleアカウントの
メールアドレスを入力し、
[次へ]をクリックします。

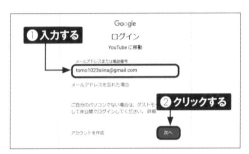

③ Googleアカウントのパ
スワードを入力し、[次
へ]をクリックします。

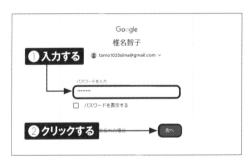

④ YouTubeにログインさ
れます。

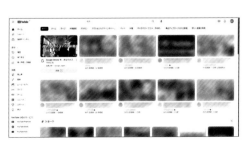

Section 08

パソコンでYouTubeの画面を確認する

YouTubeの利用は、主にホーム画面と再生画面から操作します。ここではパソコンから自分のアカウントにログインした画面の構成を解説します。

第1章　YouTubeについて知る

YouTubeの画面構成

●ホーム画面の画面構成

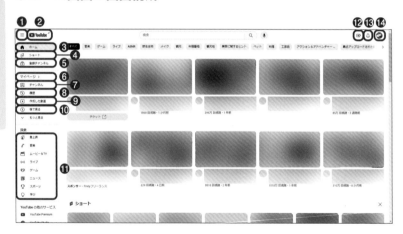

❶ガイド	ガイドの表示／非表示を切り替えられます。
❷YouTubeアイコン	トップページを表示します。
❸ホーム	YouTubeアイコンと同様、トップページを表示します。
❹ショート	ショート動画を視聴できます。
❺登録チャンネル	登録したチャンネルが表示されます。
❻マイページ	再生履歴や「後で見る」「再生リスト」に登録したリスト一覧が表示されます。
❼チャンネル	自分のチャンネルホームページが表示されます。
❽履歴	再生履歴が表示されます。

⑨作成した動画	「チャンネルのコンテンツ」画面が表示されます（P.85参照）。
⑩後で見る	「後で見る」に登録した動画が表示されます。
⑪探索	現在YouTubeで人気のある動画が紹介されます。
⑫作成	動画をアップロードしたり、配信を開始したりできます。
⑬通知	通知が表示されます。
⑭プロフィールアイコン	アカウントの切り替えやログイン／ログアウトを行います。

● 動画再生画面の画面構成

❶再生／停止ボタン	動画の再生／停止を行います。
❷次へボタン	次の動画に進みます。
❸音量ボタン	音量を調節します。
❹チャンネル登録ボタン	再生中の動画のチャンネルを登録できます。
❺自動再生ボタン	自動再生のオン／オフを切り替えます。
❻字幕ボタン	字幕のオン／オフを切り替えたり言語を変更したりします。
❼設定ボタン	再生速度や字幕、画質などの設定を行います。
❽ミニプレーヤーボタン	ミニプレーヤー表示に切り替えます。
❾シアターモードボタン	通常モードとシアターモードを切り替えます。
❿テレビで再生ボタン	テレビなどのデバイスに接続します。
⓫全画面ボタン	全画面表示に切り替えます。
⓬関連動画	再生している動画に関連した動画やおすすめの動画が表示されます。

※環境によっては一部のメニュー／ボタンが表示されなかったり、名前が異なったりする場合があります。

●YouTubeヘルプ

YouTubeを利用中に、操作方法がわからなかったり著作権に関しての確認が必要になったりと、さまざまな問題が発生した場合は、「YouTubeヘルプ」(https://support.google.com/youtube/?hl=ja#topic=)で問い合わせましょう。「YouTubeヘルプ」ページでは、主に「ヘルプセンター」「YouTubeのヘルプ コミュニティ」「クリエイター向けのヒント」の3つの項目が用意されています。それぞれ問題を解決するために、お悩み別にトピック分けされているほか、知りたい内容を検索にかけることもできます。

「ヘルプセンター」では、YouTubeのサービスを使用するにあたって、ユーザーからのよくある質問に対する回答を閲覧することができます。「YouTubeのヘルプ コミュニティ」とは、YouTubeに関する質問・回答がまとめられた場所です。ユーザーが投稿した疑問や質問に対して、Googleの社員や専門知識があると認められたユーザーが回答しています。なお、コミュニティへの投稿や返信をするには、YouTubeにログインする必要があります。「クリエイター向けのヒント」では、クリエイター（YouTubeの配信者）向けに、自分のチャンネルを成長させるためのヒントや戦略が紹介されています。

また、YouTube Help (https://www.youtube.com/user/YouTube Help) という、YouTube のヘルプチームが各種チュートリアル、トラブルシューティング、おすすめの使い方などを紹介するチャンネルも開設されており、1000万人以上が登録しています。

第 **2** 章

YouTubeの動画を視聴する

Section 09 動画を再生する
Section 10 投稿者の別の動画を再生する
Section 11 気になる動画を「後で見る」に登録する
Section 12 好きな動画のチャンネルを登録する
Section 13 以前視聴した動画を見る
Section 14 動画に評価やコメントを投稿する
Section 15 動画を再生リストに登録する
Section 16 再生リストの名前を変更する
Section 17 再生リストの動画の順番を変更する
Section 18 ショート動画を視聴する

動画を再生する

YouTubeにログインしたら、早速動画を再生してみましょう。目的の動画を見つけるには、ジャンル別に探すほか、動画に関係がありそうなキーワードを入力して検索する方法もあります。

動画を検索して再生する

① P.22を参考にYouTubeアプリを起動し、🔍をタップします。

③ 検索結果が一覧で表示されます。任意の動画をタップします。

② 検索したいキーワードを入力し、🔍をタップします。

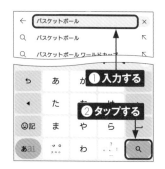

④ 動画が再生されます。

⑤ 動画の再生を一時停止するには、動画の画面内をタップして、表示された **Ⅱ** をタップします。

⑦ 動画の巻き戻し／早送りをするには、● を左右にスライドさせます。

⑥ 動画を再び再生するには、**▶** をタップします。

⑧ 再生画面を全画面表示にしたい場合は、🔲 をタップします。

⑨ 再生画面がスマートフォン全体に表示されます。🔲 をタップすると、通常の画面サイズに戻ります。

Section
10

投稿者の別の動画を再生する

好みの動画がある場合は、投稿者のチャンネルページを閲覧してみましょう。そのチャンネルの概要を確認したり、チャンネルに登録されている別の動画を視聴したりできます。

投稿者のチャンネルを表示する

① Sec.09を参考に動画の再生画面を表示し、チャンネル名をタップします。

③ 各項目を左右にスライドして表示したい項目をタップすると、投稿された動画が一覧で表示されます。

② チャンネルページが表示されます。

④ デフォルトでは、投稿された日付が新しい順に並んでいます。並び替えたい場合は、[人気の動画]または[古い順]をタップします。

(5) 任意の動画をタップすると、再生画面が表示されます。

(6) チャンネルページに戻りたい場合は、スマートフォンの戻るボタンをタップします。

タップする

(7) チャンネルページに戻ります。画面下部に手順⑤で再生した動画が縮小表示されます。

縮小表示される

(8) 動画をタップすると、再生画面に戻ります。Ⅱをタップすると、再生が一次停止し、×をタップすると、動画が削除されます。

Section
11
気になる動画を「後で見る」に登録する

途中まで見た動画や、あとでまとめて見たい動画がある場合は、「後で見る」に登録しましょう。登録した動画は、いつでもかんたんに再生できます。

📹 再生画面から動画を「後で見る」に登録する

(1) Sec.09を参考に動画の再生画面を表示し、各項目を左にスライドします。

(2) [保存]をタップします。

(3) 「後で見る」に保存されます。[変更]をタップします。

(4) 「後で見る」の□にチェックが入っていることを確認し、[完了]をタップします。

🎬 チャンネルページから動画を「後で見る」に登録する

① Sec.10を参考にチャンネルページを表示します。

② 「後で見る」に登録したい動画の ⋮ をタップします。

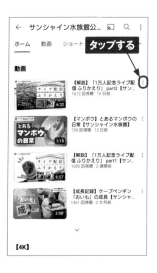

③ [[後で見る] に保存] をタップします。

④ 動画が「後で見る」に保存されます。[リストを表示]をタップします。

⑤ 「後で見る」に保存した動画が一覧で表示されます。

33

好きな動画の チャンネルを登録する

お気に入りの配信者や動画を見つけたら、チャンネルを登録しましょう。最大2,000チャンネルまで登録することができ、通知をオンにすると、新しい動画が投稿された際の通知や、登録チャンネルの最新情報などを確認できます。

チャンネルを登録する

1 Sec.09を参考に動画の再生画面を表示し、チャンネル名をタップします。

タップする

2 チャンネルページが表示されます。[チャンネル登録]をタップします。

タップする

3 チャンネルが登録されます。

4 チャンネルの登録を解除したい場合は、[登録済み] → [登録解除]の順にタップします。

タップする

📱 通知をカスタマイズする

1 P.34手順④の画面で、[すべて]または [カスタマイズされた通知のみ] をタップして選択すると、通知が届きます。

2 ：をタップします。

3 [設定] をタップします。

4 [通知] をタップします。

5 ●や ○をタップしてオン／オフを切り替えることで、通知をカスタマイズすることができます。

Memo 登録したチャンネルを表示する

[登録チャンネル] をタップすると、登録したチャンネルが一覧で表示されます。

Section

13

以前視聴した動画を見る

動画の再生履歴などのアクティビティは、YouTubeに記録されており、再生した動画や関連動画が表示されやすくなっています。すべての再生履歴を削除すると、おすすめに表示される動画はすべてリセットされます。

第2章 YouTubeの動画を視聴する

動画の再生履歴を表示する

① P.22を参考にYouTubeアプリを起動し、[ライブラリ]をタップします。

タップする

② 「履歴」の[すべて表示]をタップします。

タップする

③ 再生履歴がすべて表示されます。[再生履歴を検索します]をタップします。

タップする

④ キーワードを入力して、任意の再生履歴を検索することができます。

入力したキーワード

🎞 動画の再生履歴を削除する

1 再生履歴を個別に削除したい場合は、削除したい動画の：をタップします。

2 ［再生履歴から削除］をタップします。

3 動画の再生履歴が削除されます。

4 再生履歴をすべて削除したい場合は、画面右上の：をタップします。

5 ［すべての再生履歴を削除］→［再生履歴を削除］の順にタップします。

6 すべての再生履歴が削除されます。

Section
14

動画に評価やコメントを投稿する

投稿された動画を評価したりコメントを投稿したりすることで、ほかのユーザーと交流を図ることができます。投稿したコメントは世界中のユーザーが確認できる状態になるので、内容には注意して投稿しましょう。

動画に評価をする

第2章
YouTubeの動画を視聴する

(1) Sec.09を参考に動画の再生画面を表示し、動画を高く評価する場合は👍を、低く評価する場合は👎をタップします。

(3) 評価を取り消したい場合は、再度アイコンをタップします。

(2) アイコンの色が変わり、評価が1つ増えます。

(4) 評価が取り消されます。

動画にコメントを投稿する

1 Sec.09を参考に動画の再生画面を表示し、[コメントする…]をタップします。

2 コメントを入力し、▷をタップします。

3 コメントが投稿されました。

4 コメントを編集、または削除したい場合は、手順③の画面を表示し、⋮をタップします。

5 [編集]をタップすると、コメントを編集できます。[削除]→[削除]の順にタップすると、コメントを削除できます。

Memo 高く評価した動画を表示する

高く評価した動画は、「再生リスト」に保存されます。[ライブラリ]をタップして、いつでも確認することができます。

39

動画を再生リストに登録する

再生リストでは、お気に入りの動画のみを登録してリスト別にカスタマイズできます。作成できる再生リストの数に制限はありませんが、再生リストに登録できる動画は最大5,000本です。

動画を新しい再生リストに登録する

① Sec.09を参考に動画の再生画面を表示し、各項目を左にスライドします。

③ 画面の下部に表示された [変更] をタップします。

② [保存] をタップします。

④ [新しいプレイリスト] をタップします。

⑤ 再生リストのタイトルを入力し、[作成] をタップします。

⑥ 新しい再生リストが作成されて、動画が保存されます。

動画を既存の再生リストに保存／解除する

① P.40手順④の画面で、保存したい再生リストをタップして [完了] をタップします。

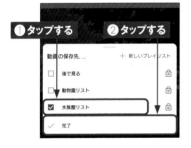

② 再生リストに動画が保存されます。

③ 解除するには、手順①の画面で再生リストをタップしてチェックを外し、[完了] をタップします。

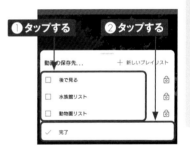

④ 再生リストへの保存が解除されます。

再生リストの名前を変更する

作成した再生リストは、編集することができます。タイトルの変更や説明の追加のほか、公開範囲を設定することも可能です。再生リストを公開すると、ほかのユーザーも再生リストの動画を視聴できるようになります。

再生リストの名前を変更する

(1) P.22を参考にYouTubeアプリを起動し、[ライブラリ]をタップします。

(2) 「再生リスト」の[すべて表示]をタップします。

(3) 再生リストがすべて表示されます。名前を変更したい再生リストの：をタップします。

(4) [編集]をタップします。

⑤ 「タイトル」に変更後の名前を入力し、➤をタップします。

⑥ 再生リストの名前が変更されます。

📽️ 再生リストのプライバシーを変更する

① 手順⑤の画面で「プライバシー」の▼をタップします。

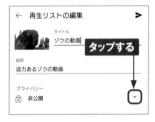

② 再生リストの公開範囲を設定することができます。[公開]または[限定公開]をタップすると、ほかの人と共同で編集できるようになります。

③ [共同編集]→[保存]の順にタップします。

④ 「共同編集者に動画の追加を許可」の●をタップして●にすると、再生リストへの動画の追加ができなくなり、すべての共同編集者が削除されます。

43

Section 17

再生リストの動画の順番を変更する

再生リスト内の動画の1つを再生すると、リスト内の動画が順番に再生されます。再生順は「再生リスト」から自由に変更することができます。

再生リストの動画の順番を変更する

1 P.22を参考にYouTubeアプリを起動し、[ライブラリ]をタップします。

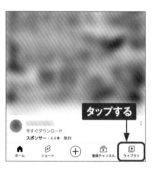

2 「再生リスト」の[すべて表示]をタップします。

3 再生リストがすべて表示されます。順番を変更したい再生リストをタップします。

4 再生リスト内の動画が一覧で表示されます。[並べ替え]をタップします。

⑤ デフォルトでは、「手動設定」に設定されています。並べ替えたい順番（ここでは［追加日（新しい順）]）をタップします。

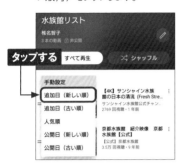

⑥ 動画が並び替えられます。

⑦ 個別に並び替えたい場合は、動画の＝を変更したい位置まで指でドラッグします。

⑧ 指を離すと、動画の順番がその位置に移動します。

Memo 再生リスト内の動画を削除する

削除したい動画の⋮→［［○○]から削除］の順にタップ、または動画を左右方向にスワイプして🗑をタップすることで、再生リストから削除できます。

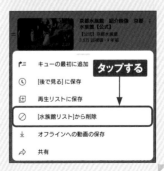

45

Section

18

ショート動画を視聴する

ショート動画とは、60秒以内で視聴できる縦画面の短編動画のことです。スマートフォンでの視聴を前提としているため、画面を上下にスクロールするだけで、従来のYouTube動画よりもかんたんに別の動画への切り替えができます。

ショート動画を視聴する

第2章 YouTubeの動画を視聴する

(1) P.22を参考にYouTubeアプリを起動し、[ショート] をタップします。

(2) ショート動画が表示されます。

(3) 画面をタップすると、再生が一時停止します。もう一度タップすると、再生が再開します。

(4) 画面を下から上方向にスクロールすると、次の動画が表示されます。

ショート動画の画面構成

❶検索	ショート動画の検索ができます。
❷カメラ	ショート動画を作成できます。
❸メニュー	再生リストに保存したり、動画の概要を表示したりできます。
❹アカウント	チャンネルページのショート動画が表示されます。
❺高評価	タップすると高評価を付けられます。
❻低評価	タップすると低評価を付けられます。
❼コメント	コメントを投稿できます。
❽共有	メールなどを通して、動画をほかの人と共有できます。
❾リミックス	ショート動画の一部を切り抜き、別のショート動画を作成します。

YouTube Premiumとは

● YouTube Premiumを利用する

「YouTube Premium」（https://www.youtube.com/premium）とは、YouTubeが提供するサブスクリプションサービスです。以下のプランに登録すると、広告なしでの動画再生、バックグラウンド再生、オフライン再生などができるようになります。また、特典には「YouTube Music Premium」が含まれており、「YouTube Music」アプリをダウンロードするだけで、1億曲以上を広告なしで再生できるようになります。

パソコンからは、YouTubeにログインして［YouTube Premium］をクリック、スマートフォンからは、アカウントアイコンをタップし、［YouTube Premiumに登録］→［使ってみる（無料）］の順にタップして、画面の指示に従って登録します。

● YouTube Premiumのプラン

「個人プラン」には月単位と年単位があり、ほかのプランは月単位のみの契約となります。各プランには1か月間の無料トライアル期間があり、気軽に体験できます。また、解約はいつでも可能で、再登録することもできます。

個人プラン	ファミリープラン	学生プラン
1,280円（月額）／ 12,800円（年間）	2,280円（月額）	780円（月額）

第 **3** 章

自分のチャンネルを
作成する

Section **19**   チャンネルとは

Section **20**   新しいチャンネルを作成する

Section **21**   チャンネルの名前を変更する

Section **22**   チャンネルの説明を入力する

Section **23**   検索のキーワードを設定する

Section **24**   プロフィールの写真を設定する

Section **25**   バナー画像を変更する

Section **26**   SNS・ブログのリンクやメールアドレスを設定する

チャンネルとは

YouTubeには「チャンネル」というしくみがあり、誰でも無料で作成することができます。チャンネルでは、YouTube上のお気に入りの動画をまとめて保存しておくことが可能です。

チャンネルとは

YouTubeには、「YouTubeチャンネル」という無料で作成できる自分だけの配信局があります。チャンネルを開設すると、動画のアップロード、コメントの投稿、再生リストの作成などの機能を利用できるようになります。YouTubeでアカウントの存在が公開されて、世界中のユーザーとの交流が可能になります。凝った編集を心掛けたり、企画内容を工夫するなどして視聴者が増えれば、自分のアイデアを共有できます。また、チャンネル登録者を獲得できれば、収益化に繋がる可能性もあります（P.173MEMO参照）。

チャンネルを作成すると、P.51手順②の画面に「チャンネルを作成」と表示されなくなるので、2つ目以降のチャンネルを作成する際は、Sec.20を参考に作成してみましょう。

チャンネルを作成する

1 P.23を参考にYouTube
のホーム画面を表示し
て、アカウントアイコン
をクリックします。一度
ログインすると、以降は
自動的にログインされま
す。

2 [チャンネルを作成] を
クリックします。

3 [チャンネルを作成] を
クリックします。

4 しばらくすると、チャンネ
ルが作成されます。[チャ
ンネル] をクリックする
と、作成したチャンネル
が表示されます。

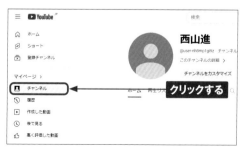

Section
20 新しいチャンネルを作成する

YouTubeでは、1つのGoogleアカウントにつき最大100のチャンネルを作成できます。投稿する動画のテーマやコンセプトに合わせて、チャンネルを使い分けることも可能です。

新しいチャンネルを作成する

(1) YouTubeのホーム画面で、アカウントアイコンをクリックします。

自然　サッカー　最近アップロードされた動画　新しい動画の発見

クリックする

(2) [設定]をクリックします。

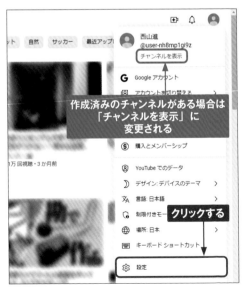

ント　自然　サッカー　最近アップl

西山進
@user-nh8mp1gi9z

チャンネルを表示

G　Google アカウント

アカウント切り替える

作成済みのチャンネルがある場合は「チャンネルを表示」に変更される

(5)　購入とメンバーシップ

(8)　YouTube でのデータ

))　デザイン:デバイスのテーマ

文A　言語:日本語

制限付きモー **クリックする**

場所:日本

キーボード ショートカット

(6)　設定

n万 回視聴・3か月前

③ [新しいチャンネルを作成する] をクリックします。

④ チャンネル名を入力し、□をクリックしてチェックを付け、[作成] をクリックします。「アカウントの確認」画面が表示されたら、スマートフォンの電話番号を入力するなど、画面の指示に従ってアカウントの確認を行います。

⑤ 「このチャンネルは存在しません。」と表示されます。時間をおいて再アクセスすると、新しいチャンネルが作成されます。

第3章 自分のチャンネルを作成する

Memo Chromeをインストールする

Windowsに最初から搭載されているブラウザはMicrosoft Edgeですが、本書では、ChromeブラウザをYouTubeと同じくGoogleが提供しているため、ほかのブラウザよりYouTubeとの相性が良好です。Chromeをインストールしていない場合はダウンロードサイト（https://www.google.co.jp/chrome/）にアクセスし、[Chromeをダウンロード] をクリックしてダウンロード&インストールします。

Section
21

チャンネルの名前を変更する

YouTubeに公開されるチャンネルの名前は、変更することができます。名前の変更は14日間で2回まで可能となっており、ここで名前を変更してもYouTubeにのみ適用され、ほかのGoogleサービスには反映されません。

チャンネルの名前を変更する

① YouTubeのホーム画面で、アカウントアイコンをクリックします。

② [YouTube Studio] をクリックします。初回起動時は、確認の画面で[続行]をクリックします。

3 [カスタマイズ] → [基本情報] の順にクリックします。

4 「名前」に表示されているチャンネル名に変更後の名前を入力し、[公開]をクリックします。

5 アカウントアイコンをクリックし、[チャンネル] をクリックします。

6 チャンネル画面が表示されます。

Section 22

チャンネルの説明を入力する

チャンネルの説明を入力すると、チャンネルの「概要」や検索結果などに表示されます。どんなジャンルの、どんな動画を投稿しているのかの情報のほか、視聴者へのメッセージ、関連のあるWebサイトのリンクなどを伝えることもできます。

チャンネルの説明を入力する

1 YouTubeのホーム画面で、アカウントアイコンをクリックします。

2 [YouTube Studio] をクリックします。

③ [カスタマイズ] → [基本情報] の順にクリックします。

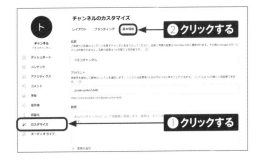
② クリックする
① クリックする

④ 「説明」の[あなたのチャンネルについて...] をクリックし、チャンネルの説明文を入力して [公開] をクリックします。

① 入力する
② クリックする

⑤ アカウントアイコンをクリックし、[チャンネル] をクリックします。

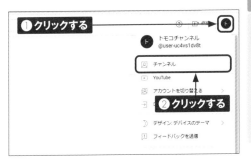
① クリックする
② クリックする

⑥ 説明文が表示されます。 >をクリックすると、概要が表示され、入力した説明文をすべて確認できます。

クリックする
入力した説明文

57

Section
23
検索のキーワードを設定する

チャンネルキーワードとは、チャンネルに設定できるキーワードです。設定すると、検索時のヒット率の向上や、ほかのチャンネルのおすすめに表示されやすくなるなどの効果があります。

📺 チャンネルのキーワードを設定する

1 YouTubeのホーム画面で、アカウントアイコンをクリックします。

2 [YouTube Studio] をクリックします。

3 [設定]をクリックします。

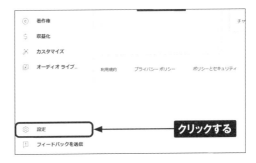

4 [チャンネル] → [基本情報] の順にクリックし、「キーワード」の [キーワードを追加] をクリックします。

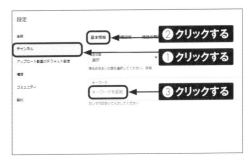

5 キーワードを入力します。「、(読点)」または「,(カンマ)」を入力するとキーワードが区切られて、続いて別のキーワードを入力できます。キーワードの右の ⊗ をクリックすると、キーワードを削除できます。

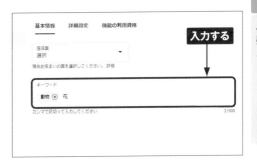

6 [保存]をクリックすると、チャンネルのキーワードが登録されます。

Section 24

プロフィールの写真を設定する

プロフィール写真は、チャンネルページ上やコメントを投稿するとき、ホーム画面上など、自分のチャンネルが提示される場面で表示されるチャンネルのアイコンです。

プロフィールの写真を設定する

① YouTubeのホーム画面で、アカウントアイコンをクリックします。

② [YouTube Studio] をクリックします。

3 [カスタマイズ] → [ブランディング] → 「写真」の [アップロード] の順にクリックします。

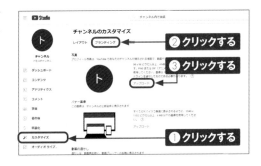

② クリックする

③ クリックする

① クリックする

4 プロフィールに設定したい写真をクリックして選択し、[開く] をクリックします。

① クリックする

② クリックする

5 表示された枠とハンドルをドラッグして写真の表示位置を調節し、[完了] をクリックします。

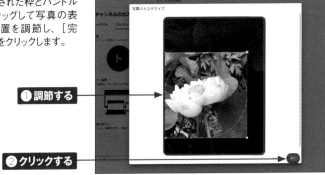

① 調節する

② クリックする

6 [公開] をクリックすると、プロフィールの写真が設定されます。

クリックする

61

Section

25

バナー画像を変更する

バナー画像はチャンネルの上部全体に表示される画像で、「YouTubeヘッダー」「YouTubeチャンネルアート」とも呼ばれます。ここでは既存の画像と、無料の画像編集サービス「Canva」で作成した画像をバナーに設定する方法を解説します。

▶ バナー画像を既存の写真に変更する

(1) YouTubeのホーム画面で、アカウントアイコンをクリックします。

クリックする

(2) [YouTube Studio] をクリックします。

トモコチャンネル
@user-uc4vs1dv8t
チャンネルを表示

G Google アカウント
アカウントを切り替える >
→] ログアウト
YouTube Studio
$ 購入とメンバーシップ
YouTube でのデータ
デザイン: デ **クリックする**
文A 言語: 日本語 >
制限付きモード: オフ >
場所: 日本 >
キーボード ショートカット
設定

第3章 自分のチャンネルを作成する

③ ［カスタマイズ］→ ［ブランディング］→ 「バナー画像」の［アップロード］の順にクリックします。

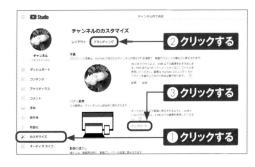

④ プロフィールに設定したい写真をクリックして選択し、［開く］をクリックします。

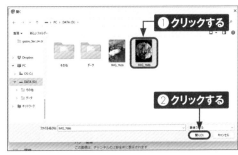

⑤ 表示された枠とハンドルをドラッグして写真の表示位置を調節し、［完了］をクリックします。

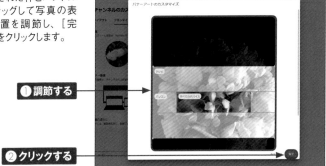

⑥ ［公開］をクリックすると、バナー画像が変更されます。

📷 Canvaでバナー画像を作成する

1 Webブラウザを起動し、アドレスバーをクリックして「https://www.canva.com/ja_jp/」を入力し、Enter キーを押します。

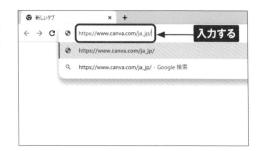

2 Canvaを利用するにはユーザー登録をする必要があります。未登録の場合は、[デザインを作成する]をクリックします。既にCanvaに登録済みの場合は、画面右上の[ログイン]をクリックします。

3 ユーザー登録はメールアドレスを使うほか、GoogleやFacebookのアカウントでも登録できます。ここでは[Googleで続行]をクリックします。

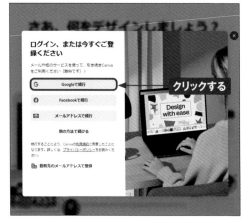

(4) 登録したいGoogleアカウントをクリックして選択します。

(5) 初回起動時は、Canvaの利用目的や通知の有無などの設定画面が表示されます。画面の指示に従って設定します。

(6) アカウントが登録され、Canvaが使用できるようになります。検索欄をクリックします。

(7) 検索欄に「YouTube」と入力し、検索候補に表示される[YouTubeバナー]をクリックします。

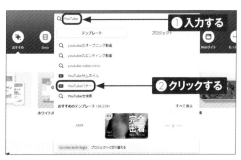

(8) YouTubeバナーのテンプレートが一覧で表示されます。ここでは［空のYouTubeバナーを作成］をクリックします。気に入ったテンプレートを使用したい場合は、任意のテンプレートをクリックします。

(9) 編集画面が表示されます。画面左側の検索欄をクリックし、作成したいイメージに近いキーワードを入力して Enter キーを押します。

(10) キーワードに該当するテンプレートが一覧表示されます。任意のテンプレートをクリックして選択します。

(11) テンプレートが反映されます。テキスト欄をクリックします。

(12) 編集ツールが表示されるので、クリックしてテキストを編集します。画面左側の[デザイン][素材][テキスト]などの項目をクリックすると、それぞれデザインを挿入・変更できます。

(13) 編集が完了したら、[共有]→[ダウンロード]の順にクリックします。

(14) [ダウンロード]をクリックすると、デバイスに保存されます。

67

Section
26

SNS・ブログのリンクや
メールアドレスを設定する

作成したYouTubeチャンネルページには、Webサイトへのリンクやメールアドレスを
貼り付けることができます。ブログやSNSなどの外部での活動や連絡先などを設定
して、視聴者を誘導することができます。うまく活用していきましょう。

チャンネルページにWebリンクを設定する

① YouTubeのホーム画面で、アカウントアイコンをクリックします。

② [YouTube Studio] をクリックします。

第3章 自分のチャンネルを作成する

③ ［カスタマイズ］→ ［基本情報］→「リンク」の ［リンクを追加］の順にクリックします。

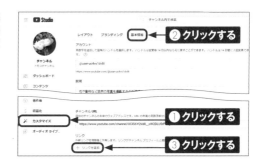

④ リンクのタイトルとURLを入力し、［公開］をクリックします。

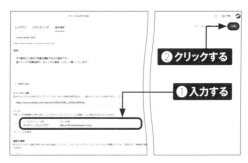

⑤ アカウントアイコンをクリックし、［チャンネル］をクリックします。

⑥ リンクが表示されます。＞をクリックすると、概要が表示され、追加したリンクをすべて確認できます。

69

メールアドレスを設定する

(1) YouTubeのホーム画面で、アカウントアイコンをクリックします。

(2) [YouTube Studio] をクリックします。

(3) [カスタマイズ] → [基本情報] → 「連絡先情報」の [メールアドレス] の順にクリックします。

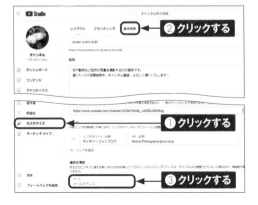

第3章 自分のチャンネルを作成する

④ メールアドレスを入力し、[公開]をクリックします。

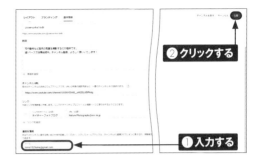

⑤ アカウントアイコンをクリックし、[チャンネル]をクリックします。

⑥ チャンネル画面が表示されるので、〉をクリックします。

⑦ チャンネルの概要が表示されます。[メールアドレスの表示]をクリックすると、設定したメールアドレスが表示されます。

71

●スマートフォンでYouTube Studioを使う

「YouTube Studio」とは、チャンネル運営者が自分のチャンネルのデータ、視聴者との交流、収益の獲得などの管理・分析を、すべて1か所でまとめて行うことのできるサービスです。Googleが無料で提供しており、ブラウザ版とアプリ版の2種類存在します。パソコンのブラウザでは、自分のYouTubeアカウントにログインしたり、直接 YouTube Studio（https://studio.youtube.com/）にアクセスしたりすることで、使用することができます。一方、スマートフォンで利用するには、アプリ版をインストールする必要があります。Androidスマートフォンユーザーであれば「Playストア」から、iPhoneユーザーであれば「App Store」から「YouTube Studio」アプリをインストールします。アプリを起動して、任意のYouTubeアカウントを選択すると、使用できるようになります。

●YouTube Studioアプリでできること

YouTube Studioでは、自分のYouTubeチャンネルのデータ分析と管理を行うことができます。動画の視聴回数や評価率などを確認できるため、チャンネルを成長させるうえでは、必要不可欠なサービスです。なお、ブラウザ版とアプリ版を比較すると、アプリ版は使用できる機能を制限されています。とくに動画の編集機能は制限が多いため、動画を編集する際は、パソコンでブラウザ版にアクセスすることをおすすめします。詳しくは、Sec.47を参照してください。

❶通知	通知を確認できます。
❷マイページ	アカウントを切り替えたり、YouTubeのホーム画面に戻ったりできます。
❸ダッシュボード	投稿した動画の視聴回数や登録者数などが表示されます。
❹コンテンツ	投稿した動画や作成した再生リストなどが表示されます。
❺アナリティクス	データにもとづいて、現在のパフォーマンスがレポートされます。
❻コメント	視聴者からのコメントを確認できます。
❼収益化	収益を得るために「YouTube パートナープログラム」に申請できます。

第 **4** 章

動画を投稿する

Section **27**   動画投稿のルールを確認する

Section **28**   YouTubeに投稿できる動画について知る

Section **29**   動画の撮影に必要なものを確認する

Section **30**   動画を撮影する際の注意点

Section **31**   動画を投稿する

Section **32**   SMSでアカウントを確認する

Section **33**   動画のタグや説明を設定する

Section **34**   動画の非公開／公開を切り替える

Section **35**   相手を限定して動画を公開する

Section **36**   ショート動画を投稿する

Section **37**   動画のサムネイルを設定する

Section 27 動画投稿のルールを確認する

YouTubeのコミュニティガイドラインとは、有害なコンテンツや嫌がらせなどから利用者を守るための規約です。動画を投稿する前に、自分の動画がコミュニティガイドラインに違反していないか確認しましょう。

動画投稿のルール

YouTubeで動画を公開するということは、動画の情報が世界へ向けて発信されて、世界中の誰もがその情報を閲覧できる状態になるということです。投稿は手軽にできますが、ときに強い影響力を持つこともあります。意図していないところで第三者を傷つけてしまった、知らない間に他人の権利を侵害してしまった、ということが起きないよう、動画の投稿を始める前にコミュニティガイドラインを確認しておきましょう。

●迷惑行為をしない

ユーザーへの迷惑行為は禁止されています。たとえば、サムネイルの内容が動画にはなくほかのサイトへ誘導する、他人のチャンネルになりすます、同じ内容のコメントを大量に投稿する、くり返し動画を再生し再生回数を不正に増やす、などが挙げられます。

スパムと欺瞞行為

YouTube コミュニティは、信頼の上に成り立つコミュニティです。他のユーザーに誤解を与えたり、詐欺、スパム、不正を行ったりすることを目的としたコンテンツは、YouTube で許可されません。

- スパム、欺瞞行為、詐欺に関するポリシー
- なりすましに関するポリシー
- 外部リンクに関するポリシー
- 虚偽のエンゲージメントに関するポリシー
- 再生リストに関するポリシー
- その他のポリシー

●デリケートなコンテンツを投稿しない

YouTubeの動画は子供を含む未成年者も視聴できます。未成年者を保護するためにも、年齢制限を要する性的な内容や下品な表現を含むコンテンツの投稿は禁止されています。

デリケートなコンテンツ

YouTube は、視聴者やクリエイターの保護、特に未成年者の保護に努めています。そのため、ヌードや性的なコンテンツ、自傷行為が児童の目に触れないようにするルールを制定しています。YouTube で許可されるコンテンツと、ポリシーに準拠していないコンテンツを見つけた場合の対処方法については、以下のリンクからご確認ください。

- ヌードと性的なコンテンツに関するポリシー
- サムネイルに関するポリシー
- 子どもの安全に関するポリシー
- 自殺、自傷行為、摂食障害に関するポリシー
- 下品な表現に関するポリシー

●暴力的なコンテンツを投稿しない

嫌がらせやいじめ、ハラスメントといった悪意のある動画、また、これらを助長するような内容の動画の投稿は禁止されています。危険なチャレンジをする、差別を助長する、個人情報を公開する、などの行為を含む動画も同様です。

暴力的または危険なコンテンツ

YouTube では、悪意のある表現、扇動行為、暴力的な描写、悪意のある攻撃や、有害で危険な行為を助長するコンテンツが禁止されています。

- 有害または危険なコンテンツに関するポリシー
- 暴力的で生々しいコンテンツに関するポリシー
- 暴力犯罪組織に関するポリシー
- ヘイトスピーチに関するポリシー
- ハラスメントやネットいじめに関するポリシー

●誤った情報を発信しない

第三者に関する事実と異なる情報を発信する、ある病気の誤った治療法を紹介するなど、虚偽を含んだり、誤解を招いたりする内容の動画は投稿できません。

誤った情報

特定の種類の誤解を招くコンテンツまたは虚偽が含まれるコンテンツで、深刻な危害を及ぼす可能性のあるものは YouTube で許可されません。これには、現実の世界で危害を与える可能性がある特定の種類の誤った情報（有害な治療法の暗示、技術的に操作された特定の種類のコンテンツ、民主的な手続きを妨害するコンテンツなど）が含まれます。

- 誤った情報に関するポリシー
- 選挙の誤った情報に関するポリシー
- 医学的に誤った情報に関するポリシー

Memo **Webブラウザでコミュニティガイドラインを確認する**

「YouTubeのコミュニティガイドライン」（https://support.google.com/youtube/answer/9288567?hl=ja）では、YouTubeの指針について詳しく解説しています。どんなことが違反になるのか、動画の投稿を始める前に確認しておきましょう。

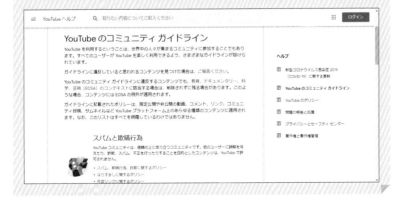

YouTubeに投稿できる動画について知る

動画のファイルが「.MOV」や「.MP4」などの形式であれば、YouTubeに投稿できます。動画をYouTubeに投稿できない場合は、YouTubeでサポートしていない形式のファイルである可能性があります。

YouTubeに投稿できる動画

YouTubeへの投稿がサポートされている動画のファイル形式や容量の上限は決まっています。「せっかく動画を作成したのに、ファイル形式が非対応だった」といった事態を避けるためにも、YouTubeに投稿できるファイルの条件を確認しておきましょう。

●投稿できるファイル形式

2024年2月時点でYouTubeへの投稿がサポートされているファイル形式は、MOV、MPEG-1、MPEG-2、MPEG4、MP4、MPG、AVI、WMV、MPEGPS、FLV、3GPP、WebM、DNxHR、ProRes、CineForm、HEVC（h265）の16種類です。

YouTube でサポートされているファイル形式

⚠ 注: 音声ファイル (MP3、WAV、PCM ファイルなど) をアップロードして、YouTube 動画を作成することはできません。そこで、動画編集ソフトウェア を を使用すれば、音声ファイルを動画に変換できます。音声ファイルは、動画に言語を追加するときのみアップロードできます。

動画をアップロードする際、どのファイル形式で保存すればよいかわからない場合や「無効なファイル形式」というエラーメッセージが表示される場合は、次のいずれかのファイル形式を使用していることをご確認ください。

- .MOV
- .MPEG-1
- .MPEG-2
- .MPEG4
- .MP4
- .MPG
- .AVI
- .WMV
- .MPEGPS
- .FLV
- .3GPP
- .WebM
- .DNxHR

●投稿できるファイル容量の上限

YouTubeに投稿できる動画は、ファイル容量が256GBまで、または尺（再生時間）が12時間までで、いずれかの制限値を下回るものです。上限を越える場合は、動画編集ソフトでカット・圧縮しましょう。

アップロード サイズの上限

アップロードできるファイルの最大サイズは、256 GB または 12 時間のいずれか小さい方です。アップロードの上限値は以前に変更されているため、変更以前にアップロードされた動画については 12 時間よりも長い場合があります。

一般的な問題のトラブルシューティング

アカウントの確認が完了しているにもかかわらず動画を再生できない ⌄

アカウントの確認が完了しているかどうかわからない ⌄

アカウントの確認が完了しているにもかかわらず長い動画をアップロードできない ⌄

動画のサイズが 256 GB を超えている ⌄

紙面版 **電脳会議** **一切無料**

DENNOUKAIGI

今が旬の書籍情報を満載して
お送りします！

『電脳会議』は、年6回刊行の無料情報
誌です。2023年10月発行のVol.221
より**リニューアルし、A4判・32頁カラー**
とボリュームアップ。弊社発行の新刊・
近刊書籍や、注目の書籍を担当編集者
自らが紹介しています。今後は図書目
録はなくなり、『電脳会議』上で弊社書
籍ラインナップや最新情報などをご紹
介していきます。新しくなった『電脳会
議』にご期待下さい。

大幅
増ページで
ボリューム
アップ！

◆ 電子書籍・雑誌を読んでみよう！

技術評論社　GDP　　　　検索

で検索、もしくは左のQRコード・下の
URLからアクセスできます。

https://gihyo.jp/dp

1 アカウントを登録後、ログインします。
【外部サービス(Google、Facebook、Yahoo!JAPAN)
でもログイン可能】

2 ラインナップは入門書から専門書、
趣味書まで 3,500点以上！

3 購入したい書籍を 🛒カート に入れます。

4 お支払いは「**PayPal**」にて決済します。

5 さあ、電子書籍の
読書スタートです！

Software Design も電子版で読める！

電子版定期購読が
お得に楽しめる！

くわしくは、
「**Gihyo Digital Publishing**」
のトップページをご覧ください。

電子書籍をプレゼントしよう！

Gihyo Digital Publishing でお買い求めいただける特定の商品と引き替えが可能な、ギフトコードをご購入いただけるようになりました。おすすめの電子書籍や電子雑誌を贈ってみませんか？

こんなシーンで…

● ご入学のお祝いに　　● 新社会人への贈り物に
● イベントやコンテストのプレゼントに　………

● **ギフトコードとは？**　Gihyo Digital Publishing で販売している商品と引き替えできるクーポンコードです。コードと商品は一対一で結びつけられています。

くわしいご利用方法は、「**Gihyo Digital Publishing**」をご覧ください。

電脳会議
紙面版

新規送付の
お申し込みは…

電脳会議事務局　　　検 索

で検索、もしくは以下の QR コード・URL から
登録をお願いします。

https://gihyo.jp/site/inquiry/dennou

一切
無料！

「電脳会議」紙面版の送付は送料含め費用は
一切無料です。
登録時の個人情報の取扱については、株式
会社技術評論社のプライバシーポリシーに準
じます。

技術評論社のプライバシーポリシー
はこちらを検索。

https://gihyo.jp/site/policy/

技術評論社　　電脳会議事務局
〒162-0846　東京都新宿区市谷左内町21-13

●投稿できないファイル

MP3、WAV、PCMなどの音声のみのファイルや、JPEGやPNGなどの画像ファイルは投稿することができません。動画編集ソフトで動画や画像と組み合わせるなどして、動画ファイルの形式にする必要があります。動画の編集方法については、第5章を参照してください。

● 「ファイル形式が無効です。」と表示される

サポートされていないファイルをアップロードした場合、「ファイル形式が無効です。」などのエラーメッセージが表示されます。ファイルのプロパティを表示するなどして、ファイル形式を確認しましょう。

アップロードする動画ファイルをドラッグ＆ドロップします
公開するまで、動画は非公開になります。

⚠ ファイル形式が無効です。詳細

ファイルを選択

Memo 動画の尺の上限を引き上げる

「アカウントの確認」が完了していない場合は、15分を超える動画を投稿できません。「チャンネルの確認」画面（https://www.youtube.com/verify）でアカウントの確認をすると、15分を超える動画を投稿できるようになります。詳しくはSec.32を参照してください。

▶ YouTube

電話による確認（ステップ1/2）

電話番号を確認すると、YouTubeで追加機能を利用できるようになります。またYouTube

確認コードの受け取り方法を指定してください。

◉ SMSで受け取る

○ 電話の自動音声メッセージで受け取る

国を選択してください
日本　　　　　　 ∨

電話番号
0000000000

重要：1つの電話番号で確認できるチャンネルは1年間に2つまでです。

コードを取得

動画の撮影に必要な ものを確認する

カメラや三脚、照明など、動画撮影のための機材を確認しましょう。動画の編集はパソコンやスマートフォンから行えます。凝った演出をしたいときはパソコン、場所を問わず作業したい場合はスマートフォン、という使い分けも可能です。

撮影用の機材

YouTubeへ動画を投稿するためには、動画撮影のカメラが必要です。以前はビデオカメラやデジタル一眼レフカメラなどを使うのが一般的でしたが、近年はスマートフォンやタブレットの内蔵カメラの性能が向上して、高画質の動画を手軽に撮影できるようになりました。

●スマートフォン、タブレット

スマートフォンやタブレットのカメラ性能は年々向上しています。近年は手ブレを抑えるモードや画素の高い高解像度レンズが搭載され、デジタル一眼レフカメラと遜色のない撮影が可能になりました。

●ビデオカメラ、デジタルカメラ

30分を超える連続撮影をしたい場合はビデオカメラ、高画質撮影をして表現の幅を広げたい場合はデジタルカメラがおすすめです。投稿したい動画の内容や用途で使い分けましょう。

●マイクや三脚、照明など

屋外撮影でも声をしっかり拾いたい場合はマイク、風景や商品をきれいな状態で撮影したい場合は三脚や照明など、状況に合わせて撮影用の機材を活用しましょう。

第4章 動画を投稿する

📓 インターネット環境・編集用のアプリ

撮影した動画をYouTubeへ投稿するためには、インターネット環境が必要です。投稿する前に動画を編集したい場合は、編集用のソフトやアプリを使いましょう。

● インターネット環境

インターネット環境とYouTubeチャンネル（Sec.19参照）があれば、時間や場所を問わず動画を投稿することが可能です。なお、動画の投稿はパソコンからだけでなくスマートフォンからでも行えますが、動画のファイルサイズが大きい場合はデータ通信量が多くなるため、Wi-Fiに接続するのがおすすめです。

● パソコンで動画編集する

カメラやスマートフォンで撮影した動画をパソコンに取り込むと、パソコンにインストールした動画編集ソフトによる編集が可能になります。高性能かつ無料で使える動画編集ソフトもあるので、まずは無料のソフトウェアから始めてみるのもよいでしょう。なお、動画の取り込みにはSDカードリーダーなどの機器が必要になる場合があります。

● スマートフォンで動画編集する

動画編集アプリを使うと、スマートフォン1台で動画撮影から投稿までを完結させることができます。場所を問わず編集作業ができる、パソコンへ取り込む手間が省けるといった利点があり、動画投稿へのハードルが下がることが魅力です。

Section

30

動画を撮影する際の
注意点

以前と比べて動画を手軽に投稿できるようになった一方で、動画撮影や投稿に関するトラブルも増えています。撮影場所の許可取りは必要ないか、著作権を侵害していないかなどをよく確認して撮影を行いましょう。

動画を撮影する際の注意点

撮影には許可が必要な場所で無断で撮影してしまった、同意を得ていない人の顔が映り込んでしまったなど、動画撮影に関するトラブルが増えています。気軽に動画投稿ができるようになった分、動画の内容が原因で炎上や訴訟、慰謝料の支払いといった事態にも発展しかねません。撮影の前に、動画撮影時の注意点をよく確認しましょう。

● 撮影場所の許可取りは必要か確認する

商業施設や観光地などでは、動画撮影の際に許可が必要になる場合があります。最近は、「個人で楽しむ範囲での撮影は許可するが、動画サイトへの投稿には事前の申請が必要」「収益が発生しない動画は問題ないが、収益化する場合は不許可」という例もあるため、撮影する商業施設や観光地のホームページなどを確認しましょう。
また、撮影を支援するロケーションサービス事業を行っている地域や団体もあります。その地域や団体が指定する手続きに従って、撮影許可を得ましょう。

●著作権や肖像権に注意する

音楽や映像には著作権、人の顔には肖像権があり、勝手に撮影して公開することはできません。YouTubeで多いのは、動画内のBGMが著作権を侵害していた、動画に映り込んだ第三者の顔にぼかしを入れずに公開した、などのトラブルです。動画内のコンテンツは使用してよいものか、背景に人が映り込んでいないか、ぼかし（Sec.46参照）の編集がしっかりできているか、などを確認することが大切です。詳しくはP.106 MEMOを参照してください。

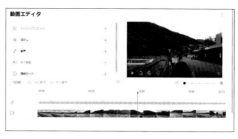

●個人情報の流出に注意する

YouTubeで動画を投稿するにあたり、誰もが注意するべきなのは「個人や住所の特定に繋がる発信をしない」ということです。動画や配信で発信した情報から個人の特定や住所情報の流出が起きた場合、嫌がらせやストーカー行為などの犯罪に巻き込まれる危険性があります。

氏名、住所、電話番号、学校名や勤務先、生年月日など個人が特定できそうな情報は口にしない、自宅近くの風景や部屋の間取りなど住所の特定に繋がりそうなものは映さないなど、細心の注意を払いましょう。

Section

31

動画を投稿する

動画の撮影と編集を終えたら、さっそくYouTubeに投稿してみましょう。投稿した動画はYouTube Studioの「チャンネルのコンテンツ」から管理でき、不要になったらいつでも削除できます。

パソコンから動画を投稿する

(1) YouTubeのホーム画面で、⊞→[動画をアップロード]の順にクリックします。

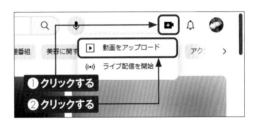

(2) [ファイルを選択]をクリックします。

(3) 投稿したい動画ファイルをクリックして選択し、[開く]をクリックします。

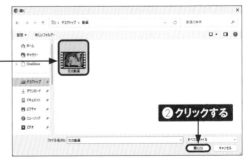

④ 動画のタイトルと説明を入力し、画面を下方向にスクロールします。

①入力する

②スクロールする

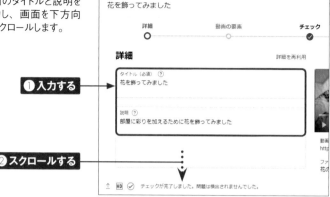

⑤ 「視聴者」の [いいえ、子ども向けではありません] をクリックして選択します。[次へ] → [次へ] → [次へ] の順にクリックします。

①クリックする

②クリックする

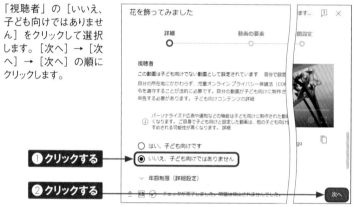

⑥ 動画を公開する場合は「公開設定」の [公開] をクリックして選択し、[公開]をクリックすると、動画が投稿されます。

①クリックする

②クリックする

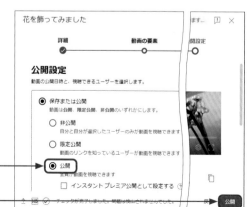

📹 動画の管理画面を表示する

(1) YouTubeのホーム画面で、[作成した動画]をクリックします。

(2) YouTube Studioが開き、動画を管理する「チャンネルのコンテンツ」画面が表示されます。

第**4**章 動画を投稿する

Memo プロフィールボタンから動画の管理画面を表示する

YouTubeのホーム画面で、アカウントアイコン→[YouTube Studio]の順にクリックしてYouTube Studioを開き、[コンテンツ]をクリックすることでも「チャンネルのコンテンツ」画面を表示させることができます。

📷 詳細なメタデータを設定する

(1) 「チャンネルのコンテンツ」画面でメタデータを設定したい動画をクリックします。

クリックする

(2) 「動画の詳細」画面が表示されます。[すべて表示]をクリックします。

クリックする

- ○ はい、子ども向けです
- ◉ いいえ、子ども向けではありません

∨ 年齢制限（詳細設定）

すべて表示

有料プロモーション、タグ、字幕など

(3) 動画の言語や字幕の設定、撮影日などのメタデータを設定します。画面を下方向にスクロールします。

①設定する

②スクロールする

(4) 動画のカテゴリを設定します。[保存]をクリックします。

①設定する

②クリックする

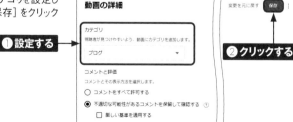

第4章 動画を投稿する

85

🎬 動画を削除する

(1) YouTubeのホーム画面で、[作成した動画]をクリックします。

クリックする ➡

(2) 「チャンネルのコンテンツ」画面が表示されます。削除したい動画にマウスカーソルを合わせ、表示された⋮をクリックします。

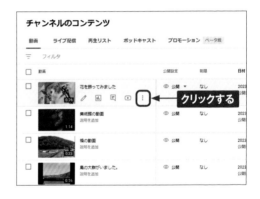

クリックする ⬅

Memo 削除した動画は復元できない

一度削除した動画は復元できないため、削除する際はよく確認してから操作しましょう。不安な場合は動画を削除せず、動画の公開設定を「非公開」（Sec.34参照）にすると、動画を残したままでほかのユーザーが視聴できない状態になります。

③ [完全に削除]をクリックします。

クリックする

④ [動画は完全に削除され、復元できなくなることを理解しています]をクリックしてチェックを付け、[完全に削除]をクリックします。

① クリックする

② クリックする

Memo 複数の動画をまとめて削除する

複数の動画をまとめて削除するには、手順②の画面で削除したい複数の動画の□を順にクリックしてチェックを付けます。[その他の操作]→[完全に削除]の順にクリックし、[動画は完全に削除され、復元できなくなることを理解しています]をクリックしてチェックを付け、[完全に削除]をクリックします。

スマートフォンから動画を投稿する

① P.22を参考に「YouTube」アプリを起動し、⊕をタップします。

② [動画をアップロード] をタップします。

③ 初回起動時は [アクセスを許可] をタップします。

④ [許可] をタップします。

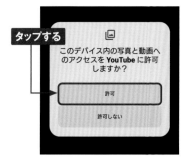

⑤ [アプリの使用時のみ] または [今回のみ] をタップします。

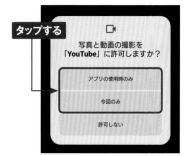

⑥ [アプリの使用時のみ] または [今回のみ] をタップします。

⑦ アップロードしたい動画をタップします。

⑧ [次へ] をタップします。

⑨ 「詳細を追加」画面が表示されます。タイトルや説明を入力し、[次へ] をタップします。

⑩ [いいえ、子ども向けではありません] をタップして選択し、[動画をアップロード] をタップします。

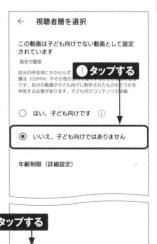

第4章 動画を投稿する

89

Section
32

SMSでアカウントを確認する

15分を超える動画の投稿や動画サムネイルの追加をしたい場合は、電話やSMSを使ってアカウントの確認をする必要があります。ここでは、SMSを利用したアカウントの確認方法を紹介します。

SMSでアカウントを確認する

(1) Webブラウザを起動し、アドレスバーをクリックして「https://www.youtube.com/verify」と入力し、Enter キーを押します。

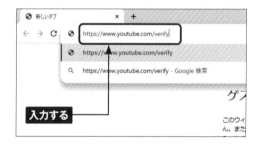

入力する

(2) 「チャンネルの確認」画面が表示されます。希望する確認コードの受け取り方法(ここでは、[SMSで受け取る])をクリックして選択し、スマートフォンの電話番号を入力して、[コードを取得]をクリックします。

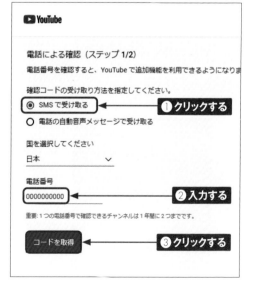

▶ YouTube

電話による確認(ステップ 1/2)
電話番号を確認すると、YouTube で追加機能を利用できるようになりま

確認コードの受け取り方法を指定してください。
◉ SMS で受け取る ◀── ① クリックする
○ 電話の自動音声メッセージで受け取る

国を選択してください
日本 ∨

電話番号
0000000000 ◀── ② 入力する

重要:1 つの電話番号で確認できるチャンネルは 1 年間に 2 つまでです。

コードを取得 ◀── ③ クリックする

③ 入力した電話番号に、確認コードが記載されたSMSが届きます。

確認コード → お客様の YouTube 確認コードは 602377 です

④ 確認コードを入力し、[送信] をクリックします。

▶ YouTube

電話による確認（ステップ 2/2）
確認コードを記載したテキスト メッセージを 070　　　　　　に送信しました。ま
テキスト メッセージが届かない場合は、前に戻って [電話の自動音声メッセー
6 桁の確認コードを入力してください

①入力する → 602377

②クリックする → 戻る　送信

⑤ アカウントの確認が完了します。

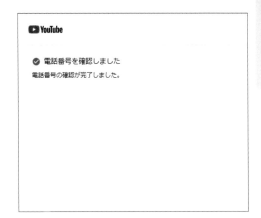

▶ YouTube

✓ 電話番号を確認しました
電話番号の確認が完了しました。

33 動画のタグや説明を設定する

動画にタグを設定すると、動画を検索で見つけやすくなります。また、動画に説明を設定すると、視聴者が動画について理解しやすくなります。動画に関する単語を積極的に使い、ユーザーを呼び込みましょう。

🎬 動画のタグを設定する

① 「チャンネルのコンテンツ」画面でタグを設定したい動画をクリックします。

クリックする

チャンネルのコンテンツ

動画	ライブ配信	再生リスト	ポッドキャスト	プロモーション ベータ版

≡ フィルタ

	動画		公開設定	制限	日時
☐		花を飾りました！ 説明を追加	⦿ 公開	なし	202 公開
☐		美術館の動画 説明を追加	⦿ 公開	なし	202 公開

② [すべて表示] をクリックします。

クリックする

○ はい、子ども向けです

◉ いいえ、子ども向けではありません

∨ 年齢制限（詳細設定）

すべて表示

有料プロモーション、タグ、字幕など

③ 「タグ」にタグにしたいキーワードを入力し、Enter キーを押すと追加できます。[保存] をクリックします。

①入力する

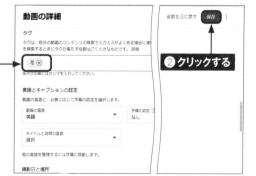

動画の詳細

タグ

タグは、自分の動画のコンテンツの検索で入力ミスがよくある場合に便利で、を検索するときにタグが果たす役割はごく小さなものです。詳細

花 ⊗

各タグの値にはカンマを入力してください。

言語とキャプションの認定

動画の言語と、必要に応じて字幕の認定を選択します。

動画の言語 英語 ▼	字幕の認定 ⓘ なし

タイトルと説明の言語
選択 ▼

他の言語を管理するには字幕に移動します。

撮影日と場所

変更を元に戻す **保存** ⋮

②クリックする

🎬 動画の説明を設定する

① P.92手順②の画面で、「説明」に動画の説明を入力します。

入力する →

② [保存]をクリックします。

Memo SEO対策とは

SEOとは「Search Engine Optimization」の略で、You Tubeやほかの検索エンジンなどで検索された際に、自分の動画を見つけてもらいやすくするためのテクニックのことです。動画にタグを追加したり、説明を設定したりすることはSEO対策になり、新規ユーザーの呼び込みに繋がります。

93

Section

34 動画の非公開／公開を 切り替える

動画の非公開／公開は「チャンネルのコンテンツ」画面からいつでも切り替えできます。非公開に設定しても動画が削除されるわけではないため、好きなタイミングで公開を再開できます。

動画の非公開／公開を切り替える

(1) 「チャンネルのコンテンツ」画面で公開設定を変更したい動画をクリックします。

クリックする

(2) [公開設定] をクリックします。

クリックする

(3) 設定したい公開設定(ここでは [非公開]) をクリックします。

クリックする

第
4
章

動画を投稿する

④ [完了]をクリックします。

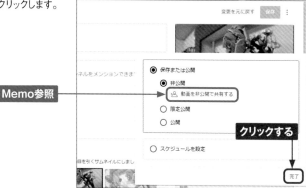

Memo参照

クリックする

⑤ [保存]をクリックします。

クリックする

動画リンク
https://youtu.be/oZm2KSnq3Ek

動画の画質
SD HD

公開設定
非公開

Memo 動画を非公開で共有する

手順④の画面で[動画を非公開で共有する]をクリックすると、「動画を非公開で共有」画面が表示されます。「招待するユーザー」に、動画を共有したいユーザーのメールアドレスを入力し、[完了]をクリックすると、動画が非公開の状態でも招待されたユーザーが動画を視聴できるようになります。

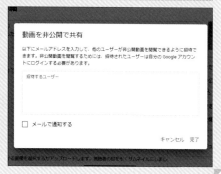

動画を非公開で共有

以下にメールアドレスを入力して、他のユーザーが非公開動画を閲覧できるように招待できます。非公開動画を閲覧するためには、招待されたユーザーは自分の Google アカウントにログインする必要があります。

招待するユーザー

☐ メールで通知する

キャンセル 完了

Section

35

相手を限定して動画を公開する

「限定公開」を活用すると、動画ページのURLを知っている人にのみ動画の閲覧を許可することができます。限定公開に設定した動画は、検索などでも表示されません。

📹 相手を限定して動画を公開する

(1) 「チャンネルのコンテンツ」画面で公開設定を変更したい動画をクリックします。

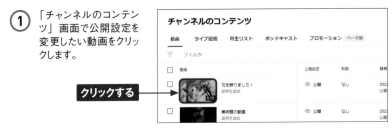

クリックする

(2) [公開設定] をクリックします。

クリックする

(3) 設定したい公開設定(ここでは [限定公開]) をクリックします。

クリックする

96

④ ［完了］→［保存］の
順にクリックします。

⑤ 「動画リンク」の□をク
リックすると、リンクの
URLをクリップボードに
コピーできます。リンク
を知っている人のみが
視聴できます。

Memo 「動画を非公開で共有」と限定公開の違い

限定公開は動画のリンクを知っていれば誰でも視聴できるのに対し、「動画を非
公開で共有」（P.95MEMO参照）した場合は動画の投稿者が登録したメールア
ドレスのユーザーのみが視聴できます。Googleアカウント（Sec.06参照）を持っ
ていない人に共有したい場合は限定公開を、リンクの流出が不安な場合は「動
画を非公開で共有」を選ぶといった使い分けが可能です。

Section

36

ショート動画を投稿する

ショート動画は動画のサイズや尺（再生時間）に条件があり、投稿の手順もほか
の動画とは異なります。ここでは、ショート動画になる条件とパソコン・スマートフォ
ンから投稿する方法について紹介します。

🎬 パソコンでショート動画を表示する

① YouTubeのホーム画面で、[ショート] をクリックします。

クリックする

② ショート動画の画面に切り替わり、再生が開始されます。画面を下方向にスクロールします。

スクロールする

③ 次のショート動画が表示されます。

📹 ショート動画になる条件

投稿した動画がショート動画になるためには、サイズと尺(時間)に条件があります。とくにパソコンから動画を投稿する場合は、条件が満たされずショート動画にならないことがあるため、サイズや尺(時間)に間違いはないか確認しましょう。

●動画のサイズを縦(9:16)にする

ショート動画は縦に長い動画のみに適用されます。ビデオカメラやデジタルカメラで撮影した動画は横に長いため、動画編集ソフトなどを使ってサイズを調整しましょう。

●動画の尺(時間)を1分以内にする

ショート動画は再生時間が1分以内の動画です。1分を超えた場合、普通の動画として表示されます。YouTubeへアップロードしたあとは、「チャンネルのコンテンツ」画面から動画の尺(時間)を必ず確認しましょう。

🎬 パソコンからショート動画を投稿する

① YouTubeのホーム画面で、⊞→［動画をアップロード］の順にクリックします。

② ［ファイルを選択］をクリックします。

③ 投稿したい動画ファイルをクリックして選択し、［開く］をクリックします。

④ 動画のタイトルと説明を入力し、画面を下方向にスクロールします。

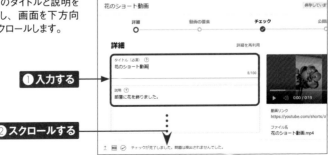

第4章 動画を投稿する

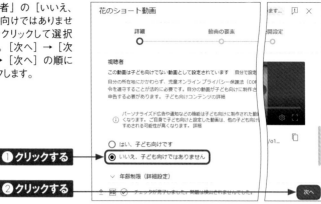

⑤ 「視聴者」の [いいえ、子ども向けではありません] をクリックして選択します。[次へ] → [次へ] → [次へ] の順にクリックします。

❶ クリックする

❷ クリックする

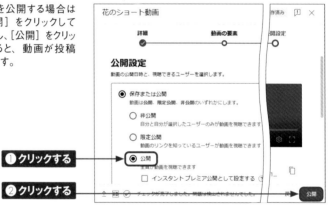

⑥ 動画を公開する場合は [公開] をクリックして選択し、[公開] をクリックすると、動画が投稿されます。

❶ クリックする

❷ クリックする

Memo ショート動画のサムネイル

スマートフォンから投稿したショート動画は、サムネイル（動画の見出しになる画像）にしたい画面を動画内から選択できます。パソコンから投稿したショート動画は、サムネイルを変更できません。

動画の詳細

サムネイル

(i) 現時点では、ショート動画のサムネイルを変更できません。

再生リスト

再生リストに動画を追加して、視聴者のためにコンテンツを整理しましょう。詳細

選択 ▼

📽 スマートフォンからショート動画を投稿する

(1) P.22を参考にYouTubeアプリを
を起動し、⊕をタップします。

(2) ［ショート動画を作成］をタップします。

(3) ◯をタップして動画の撮影を開始
します。撮影の残り時間は画面
上部のバーから確認できます。

(4) 画面上部のバーがすべて赤色に
なると撮影が終了します。［サウンド］をタップします。

(5) BGMにしたい楽曲をタップし、➡
をタップします。

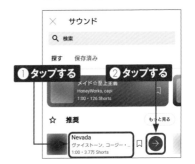

6 BGMが適用され、手順④の画面に戻ります。[次へ]をタップします。

タップする

8 動画内の任意の場面からサムネイルにしたい画面をタップして選択し、[完了]をタップします。

❶タップする ❷タップする

完了

7 「詳細を追加」画面が表示されます。✐をタップします。

← 詳細を追加

アップロードを行うことにより、あなたは、このコンテンツと今後アップロードするすべてのコンテンツにおいて、YouTube の音楽を個人的な非営利目的でのみ使用することに同意したことになります。詳細

0:15

ショート動画にキャプションを付ける

タップする

トモコチャンネル
@user-uc4vs1dv8t

公開設定
🌐 公開 　　　　　　　　　　 >

📍 場所 　　　　　　　　　　 >

👤 視聴者層を選択 　　　　　 >

自分の所在地にかかわらず、児童オンライン プライバシー保護法（COPPA）やその他の法令を遵守することが法的に必要です。自分の動画が子ども向けに制作されたものかどうかを申告する必要があります。子ども向けコンテンツの詳細

ショート リミックス
🔀 動画と音声のリミックスを許可

有料プロモーション ラベルの追加

9 動画のタイトルを入力し、[ショート動画をアップロード]をタップします。

タイトル
花を作りました｜

0:15

❶入力する

トモコチャンネル
@user-uc4vs1dv8t

公開設定
🌐 公開 　　　　　　　　　　 >

📍 場所 　　　　　　　　　　 >

👤 視聴者層を選択 　　　　　 >

自分の所在地にかかわらず、児童オンライン プライバシー保護法（COPPA）やその他の法令を遵守することが法的に必要です。〜が子ども向けに制作されたものかどうかを申告〜す。子ども向けコンテンツの詳細

❷タップする

ショート リミックス
🔀 動画と音声のリミックスを許可 >

有料プロモーション ラベルの追加 >

コメント
💬 不適切な可能性があるコメントを保... >

ショート動画をアップロード

Section

37

動画のサムネイルを
設定する

サムネイルとは動画の見出しになる画像のことです。アカウントの確認（Sec.32参照）をしている場合は、別のソフトウェアなどで作成した画像をサムネイルに設定することも可能です。

🎬 動画のサムネイルを設定する

(1) 「チャンネルのコンテンツ」画面で、サムネイルを設定したい動画をクリックします。

クリックする

(2) 現在サムネイルに設定されている画像は黒い枠線に囲まれています。新しくサムネイルに設定したい画像をクリックします。

(3) [保存]をクリックします。

オリジナルのサムネイルを設定する

(1) P.104手順②の画面で、[サムネイルをアップロード] をクリックします。

動画の詳細

サムネイル
動画の内容がわかる画像を選択するかアップロードします。視聴者の目を引くサムネイルにしましょう。詳細

クリックする

サムネイルをアップロード

再生リスト
再生リストに動画を追加して、視聴者のためにコンテンツを整理しましょう。詳細

選択

視聴者
この動画は子ども向けではない動画として設定されています　自分で設定

(2) サムネイルに設定したい画像をクリックして選択し、[開く] をクリックします。

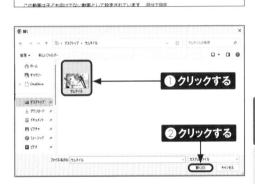

①クリックする

②クリックする

ファイル名(N): サムネイル　　　カスタム ファイル
開く(O)　キャンセル

(3) 選択した画像がサムネイルに設定されます。[保存]をクリックします。

(?) 作成

クリックする 変更を元に戻す 保存

設定された

花を飾りました！
0:00 / 0:26

動画リンク
https://youtu.be/xF-L-w11Qg

動画の画質
SD HD

公開設定
(·) 公開

ルをメンションできます）

引くサムネイルにしましょう。詳細

●著作権に注意する

著作権は知的財産権の一種で、著作物を創作した人（著作者）がその著作物を承諾なしに利用されない権利です。とくにYouTubeでは、動画内で使用した音楽や映像などが著作権侵害に当たることがあります。使用したい音楽や映像が著作権を侵害していないかよく確認して、不明の場合は使用をやめましょう。

また、動画を投稿する際には公開範囲を「公開」「非公開」「限定公開」から選択ができますが（Sec.34参照）、たとえ非公開に設定した動画であっても、動画内のコンテンツが著作権侵害をしている場合は警告されることがあります。動画を投稿する際は、公開範囲に関わらず、動画内のコンテンツが著作権侵害に当たらないか確認しましょう。

●著作権者を守るシステム

YouTubeには「Contact ID」という自動識別システムがあります。著作権者がYouTubeに登録した音声や映像のデータにもとづいて著作権侵害している動画を見つけるシステムで、該当する場合は「Contact ID」から申し立てが行われ、動画が視聴できなくなったり、収益の分配が行われたりします。

●肖像権に注意する

肖像権とは、他人から勝手に写真・動画を撮られたり、それを公開されたりしない権利のことです。肖像権は物や動物にはなく、人間だけが持つ権利です。屋外での動画撮影では他人が映り込みがちですが、これが肖像権の侵害としてトラブルに発展する可能性があります。とくに、動画に映り込んだ顔が個人を特定できるほどはっきりしている、たまたま映り込んだ赤の他人が動画内で話題の中心になっているなどの条件が重なった場合、肖像権の侵害が成立することがあります。

肖像権を侵害しないために、撮影場所の許可を得る、映り込んでしまった人物をぼかし（Sec.46参照）で見えなくする、人を撮影する場合は企画内容や趣旨を説明して承諾を得る、などの配慮が必要です。

第 **5** 章

動画を編集する

Section **38**　動画の編集について確認する

Section **39**　動画の不要な部分を切り出す

Section **40**　動画にBGMを追加する

Section **41**　動画に字幕を追加する

Section **42**　動画の最後に案内を入れる

Section **43**　情報カードで宣伝する

Section **44**　動画にロゴを入れる

Section **45**　動画のサムネイルを作成する

Section **46**　映ってはいけない部分をぼかす

Section 38 動画の編集について確認する

多くの視聴者に自分の動画を見てもらったり再生数を伸ばしたりするためには、視聴者の興味を引きそうな動画をそのまま公開するのではなく、より魅力的に見せられるよう編集に力を入れる必要があります。

動画の編集について確認する

YouTubeに投稿する動画は、パソコンやスマートフォンから専用のソフトやアプリを利用して、編集することができます。視聴者の目を引くサムネイルやテロップ、効果的なエフェクトなどを作成し、動画に組み込むことで、再生数やチャンネル登録者数の増加が期待できます。撮影した動画をそのまま編集ソフトやアプリに読み込むだけなので、初心者でも手軽に始められます。さまざまなノウハウや編集技術を身に付ければ、多様なツールを使いこなせるようになり、高度な動画編集ができるようになるでしょう。

また、BGMの追加やトリミング・カットなどのかんたんな動画編集であれば、パソコンからYouTubeにログインして、「動画エディタ」からアップロード済みの動画の内容を編集し、保存することができます。一度公開した動画を再度アップロードすると、再生回数やコメントがリセットされてしまいますが、アップロード済みの動画を部分的に編集するだけであれば、リセットされることはありません。

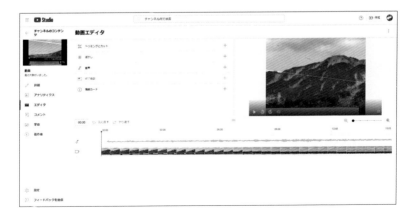

●動画編集ソフト・アプリ

Power Director

パソコン向けのソフトとスマートフォン（iOS・Android）向けのアプリ版があり、アプリ版は基本的な機能を無料で利用できます。フリーの動画や音楽、画像素材が用意され、自動字幕文字起こしなど高機能の編集ツールが使えます。初心者でも使いこなせる、わかりやすい操作が魅力です。

iMovie

Apple社が提供する基本無料の動画編集ソフトです。アプリ版もありますが、iPhoneやMacなどのAppleデバイスでのみ使用できます。4Kビデオに対応し、高解像度動画を作成できるほか、編集した動画をすぐにSNSでシェアできます。

DaVinci Resolve

有料版のほか、一部の機能が制限された無料版が提供されています。ビデオエフェクトの作成・合成、音声・音楽の編集、色の調整、モーショングラフィックなどの豊富な機能が搭載された、基本的にプロ向けの動画編集ソフトです。

Adobe Premiere Pro

アドビ社が提供する動画編集ソフトで、初心者からプロまで幅広く利用されています。7日間試用できる無料体験版と有料版があります。Premiere Elementsという安価な下位製品もあります。

Section 39

動画の不要な部分を切り出す

投稿した動画を部分的にトリミング・カットするだけであれば、再生回数やコメントがリセットされることはありません。また、動画のカット数に制限はなく、いつでも編集できます。

動画の不要な部分を切り出す

(1) YouTubeのホーム画面で、[作成した動画]をクリックします。

(2) トリミング・カットしたい動画をクリックします。

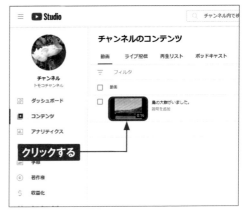

3 [エディタ] をクリックします。初回起動時は [使ってみる] をクリックして、[トリミングとカット] をクリックします。

① クリックする

② クリックする

4 [新しい切り抜き] をクリックします。

クリックする

5 ┃（スライダー）を左右にドラッグしてカットしたい部分を調整し、✓ をクリックします。

② クリックする

① ドラッグする

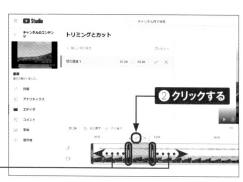

6 手順⑤で選択した部分が切り出されます。[保存] をクリックします。

クリックする

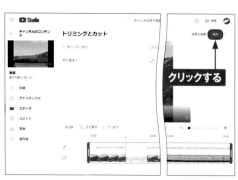

Section

40

動画にBGMを追加する

アップロードした動画には、BGMを追加することができます。YouTubeでは、収益化する動画を含めて、あらゆる動画で無料で使用できる音楽が用意されています。

動画にBGMを追加する

（1） YouTubeのホーム画面で、[作成した動画]をクリックします。

（2） BGMを追加したい動画をクリックします。

③ [エディタ] をクリックします。

クリックする

④ [音声]をクリックします。

クリックする

⑤ 追加したいBGMにマウスカーソルを合わせ、表示された [追加] をクリックします。

クリックする

⑥ BGMの両端を左右にドラッグして、開始位置や終了位置を調整します。[保存] をクリックします。

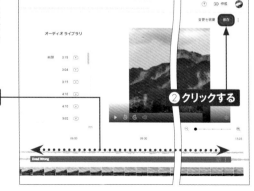

① ドラッグする

② クリックする

Section

41

動画に字幕を追加する

YouTubeは80以上の言語に対応しています。動画に字幕を追加すると、聴覚に障害のある方や母国語ではない方など、より多くの視聴者にコンテンツを楽しんでもらうことができます。

動画に字幕を追加する

① YouTubeのホーム画面で、[作成した動画]をクリックします。

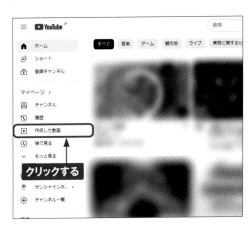

② 字幕を追加したい動画をクリックします。

114

(3) [字幕]をクリックします。

クリックする

(4) [言語を設定] をクリックします。

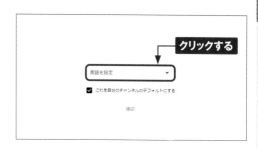

クリックする

(5) 追加したい言語をクリックして選択します。

クリックする

(6) [確認]をクリックします。

クリックする

第5章 動画を編集する

115

Section

42

動画の最後に案内を入れる

動画の終了画面には、「動画」「再生リスト」「登録」「チャンネル」「リンク」を選択して表示させることができます。動画は25秒以上であることと、リンクを載せる場合は収益化している必要があります（P.173MEMO参照）。

動画の最後にほかの動画を表示する

(1) YouTubeのホーム画面で、[作成した動画]をクリックします。

(2) 終了画面に案内を追加したい動画をクリックします。

(3) [終了画面]をクリックします。

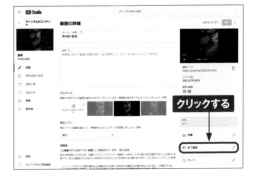

④ [要素] → [動画] の順にクリックします。

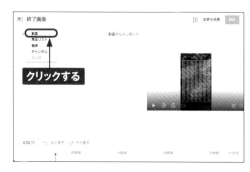

⑤ [特定の動画の選択] をクリックします。

⑥ 追加したい動画をクリックして選択します。

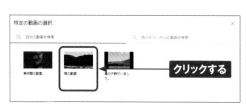

⑦ 動画を表示する時間を設定したり、表示する位置を調整したりできます。[保存] をクリックします。

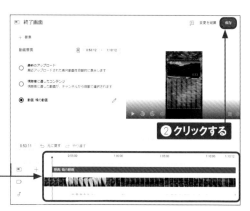

117

動画の最後にチャンネル登録ボタンを表示する

① YouTubeのホーム画面で、[作成した動画]をクリックします。

② 終了画面にチャンネル登録ボタンを追加したい動画をクリックします。

③ [終了画面]をクリックします。

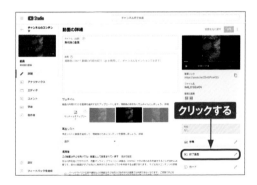

④ [要素]をクリックします。

⑤ [登録]をクリックします。

⑥ チャンネル登録ボタンを表示する時間を設定したり、表示する位置を調整したりできます。[保存]をクリックします。

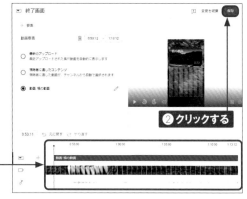

⑦ 動画の終了画面に、P.117手順⑥の画面で設定した別の動画とチャンネル登録ボタンが表示されます。

チャンネル登録ボタンが表示される

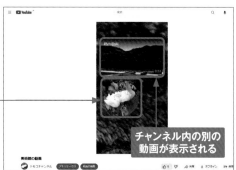

チャンネル内の別の動画が表示される

Section

43

情報カードで宣伝する

情報カードとは、動画の再生中に表示されるクリック可能なエリアです。情報カードには「動画」「再生リスト」「チャンネル」「リンク」を掲載することができます。なお、リンクを掲載するには収益化する必要があります（P.173MEMO参照）。

動画に情報カードを追加する

(1) YouTubeのホーム画面で、[作成した動画]をクリックします。

(2) 情報カードを追加したい動画をクリックします。

(3) [カード] をクリックします。

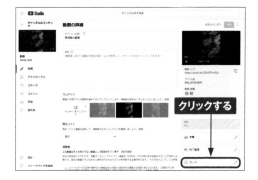

4 掲載したいカードの種類
（ここでは［動画］）をク
リックします。

5 カードに追加したい動画
をクリックして選択しま
す。

6 動画に関するカスタム
メッセージやティーザー
テキスト（設定した時間
に動画上に表示される
ポップアップ）を入力し
たり、カードを表示する
タイミングを調整したりで
きます。

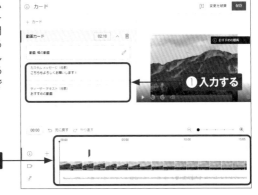

7 ［保存］をクリックします。

Section

44

動画にロゴを入れる

自分の動画の右下には、作成したロゴなどの画像の透かしを追加することができます。ここから視聴者がチャンネル登録できるようになるほか、チャンネルのブランディングにも繋がります。

動画にロゴを追加する

(1) YouTubeのホーム画面で、右上のアカウントアイコンをクリックします。

クリックする

(2) 表示されたメニューの[YouTube Studio]をクリックします。

クリックする

(3) [カスタマイズ] → [ブ
ランディング]の順にク
リックし、「動画の透か
し」の[アップロード]
をクリックします。

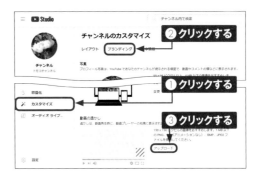

(4) 動画に追加したいロゴ
の画像ファイルをクリッ
クして選択し、[開く]
をクリックします。

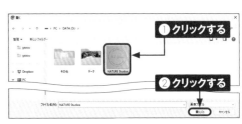

(5) 動画に表示させる透か
しの範囲を調整し、[完
了]をクリックします。

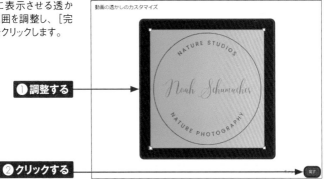

(6) 透かしを表示するタイミ
ングを「動画の最後」
「開始位置を指定」「動
画全体」からクリックし
て選択し、[公開]をク
リックします。

第5章 動画を編集する

123

Section 45

動画のサムネイルを作成する

サムネイルとは、検索結果やおすすめ動画一覧などに表示される、小さな画像のことです。サムネイルをアップロードするには、電話番号を設定している必要があります（Sec.32参照）。ここではCanvaを利用して動画のサムネイルを作成します。

🎬 動画のサムネイルを作成する

① Webブラウザを起動し、アドレスバーをクリックして「https://www.canva.com/ja_jp/」を入力し、Enterキーを押します。

入力する

② Canvaの公式サイトが表示されるので、検索欄をクリックします。アカウントを登録していない場合は、Sec.25を参考に登録します。

クリックする

(3) 「YouTube」と入力して、検索候補に表示される[YouTubeサムネイル]をクリックします。

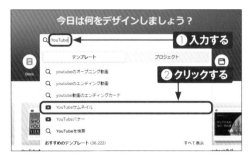

(4) YouTubeサムネイルのテンプレートが一覧で表示されます。ここでは[空のYouTubeサムネイルを作成]をクリックします。気に入ったテンプレートを使用したい場合は、任意のテンプレートをクリックします。

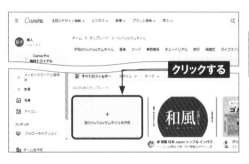

(5) 編集画面が表示されます。画面左側の検索欄をクリックし、作成したいイメージに近いキーワードを入力して Enter キーを押します。

(6) 任意のテンプレートをクリックして選択します。

(7) テンプレートの編集画面が表示されます。テキスト欄をクリックします。

クリックする

(8) 編集ツールが表示されるので、クリックしてテキストを編集します。画面左側の [デザイン] [素材] [テキスト] などの項目をクリックすると、それぞれデザインを挿入・変更できます。

編集する

(9) 編集が完了したら、[共有] → [ダウンロード] の順にクリックします。

①クリックする

②クリックする

(10) [ダウンロード] をクリックすると、デバイスに保存されます。

クリックする

126

(11) P.104手順②の画面で［サムネイルをアップロード］をクリックします。

(12) ［ダウンロード］をクリックすると、手順⑩の画面でダウンロードしたサムネイルが表示されます。サムネイルに設定したい画像をクリックして選択し、［開く］をクリックします。

(13) ［保存］をクリックします。

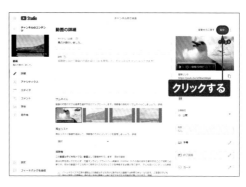

46 映ってはいけない部分を ぼかす

YouTubeには、ぼかし機能があります。撮影の承諾を得ていない一般人が映り込んでしまったり、表示したくないものが映ってしまったなどの場合は、該当の部分をドラッグで選択してぼかすことができます。

第5章 動画を編集する

映ってはいけない部分をぼかす

(1) YouTubeのホーム画面で、[作成した動画]をクリックします。

(2) ぼかしを入れたい動画をクリックします。

③ [エディタ] をクリックし、
[ぼかし] をクリックします。

④ ぼかしの種類を選択します。ここでは [カスタムぼかし]をクリックします。

⑤ ぼかしの形や動作を設定し、動画のぼかしたい部分をドラッグして選択します。

⑥ [保存] → [保存] の順にクリックします。

● YouTubeの個人情報の保護

誰もが安心してYouTubeを利用できる環境にするためには、すべてのユーザーが個人のプライバシーやコンテンツの内容などに配慮して動画を投稿する必要があります。個人の特定に繋がるような場所や言動、画像などが含まれていると、自分だけでなく他人を危険に巻き込む可能性があるので要注意です。

また、固有の建物や創作物などを撮影する場合や、それらが動画に映ってしまった場合は、権利関係のトラブルに発展しかねないため、必ず所有者や管理者に許可を得ることが大切です。詳しくはP.106MEMOを参照してください。

● プライバシーを侵害されたとき

自分の個人情報が特定されるような動画を見つけた場合は、アップロードしたユーザーに連絡してコンテンツの削除を依頼したり、「プライバシー侵害の申し立て手続き」（https://support.google.com/youtube/answer/142443?sjid=9857946439470677729-AP）を利用したりするなどして、YouTube側に報告することで削除を依頼できます。「画像や音声」「氏名」「連絡先情報」などの要素にもとづいて、個人の特定が可能であるかを判断し、コンテンツの削除が検討されます。

第 **6** 章

チャンネルを管理する

Section **47** チャンネルの管理画面を確認する

Section **48** トップページに人気の動画を表示させる

Section **49** 未登録者向けの紹介動画を表示する

Section **50** 登録者向けにおすすめ動画を表示する

Section **51** 投稿した動画の再生リストを作成する

Section **52** 承認したコメントのみ表示する

Section **53** 承認したユーザーのコメントを常に表示する

Section **54** 特定の人のコメントをブロックする

Section **55** すべてのコメントを投稿できないようにする

チャンネルの管理画面を確認する

YouTube Studioにはさまざまな機能が備わっています。ログインすると、チャンネルや動画の設定を変更したり、管理したりできます。

チャンネルの管理画面を確認する

自分が作成したYouTubeチャンネルの設定や動画の確認をするときは、YouTube Studioから操作します。チャンネルホームページに表示される動画の並び順やプロフィール写真を変更して、アクセスした視聴者に向けて興味を引くようなページにできます。また、動画のコメント欄をオフにしたり、字幕を追加したりといった動画の設定の変更が可能です。さらに、チャンネルの成長を目指すクリエイター向けに、投稿した動画のクリック率や平均視聴回数などがデータ化されてリアルタイムで表示される「チャンネルアナリティクス」機能が用意されています。

チャンネルのダッシュボード

❶チャンネル	作成した自分のチャンネルホームページが表示されます。
❷ダッシュボード	最新の動画のパフォーマンスやコメントなどを一目で確認できます。
❸コンテンツ	投稿した動画や再生リストなどのチャンネルのコンテンツが表示され、公開日や視聴回数などを確認できます。
❹アナリティクス	指標とレポートにもとづき、リアルタイムで投稿した動画の視聴回数やクリック率などのパフォーマンスを確認できます。
❺コメント	動画へ投稿されたコメントやメンションを確認できます。
❻字幕	動画に字幕を追加したり、動画に追加された言語の数を確認できます。
❼著作権	送信した削除リクエスト（著作権侵害にもとづく削除依頼）が表示されます。
❽収益化	動画を収益化するにあたり、資格要件を確認したり、サポートを受けたりできます。
❾カスタマイズ	チャンネルホームページのレイアウトやプロフィール写真、基本情報などをカスタマイズできます。
❿オーディオライブラリ	動画で使用する音楽や効果音を無料で取得できます。
⓫設定	チャンネルの権限や国／地域、チャンネルの公開設定まで、すべての設定を変更できます。
⓬フィードバックを作成	スクリーンショットを撮影したりテキストを入力したりして、フィードバックをGoogleに送信できます。

※環境によっては一部のメニュー／ボタンが表示されなかったり、名前が異なったりする場合があります。

第6章　チャンネルを管理する

トップページに人気の
動画を表示させる

チャンネルホームページ（チャンネルのトップページ）はレイアウトをカスタマイズできます。最大12までセクションを追加でき、人気の動画や最新の動画を表示させて、訪れた視聴者に向けて発信可能です。

🎬 トップページに人気の動画を表示させる

(1) YouTubeのホーム画面で、アカウントアイコンをクリックします。

クリックする

(2) ［YouTube Studio］をクリックします。

クリックする

③ ［カスタマイズ］→［レイアウト］→［セクションを追加］の順にクリックします。

② クリックする

① クリックする

③ クリックする

④ ［人気の動画］をクリックします。

クリックする

⑤ 「人気の動画」セクションが追加されます。［公開］をクリックすると、内容が保存されます。

クリックする

追加される

未登録者向けの
紹介動画を表示する

自分のチャンネルホームページでは、チャンネル未登録のユーザーに向けて、チャンネルの紹介動画を設定できます。チャンネル登録をしたくなるような動画を表示しましょう。登録済みのユーザーには、おすすめの動画が表示されます（Sec.50参照）。

未登録者向けの紹介動画を表示する

1 YouTubeのホーム画面で、アカウントアイコンをクリックします。

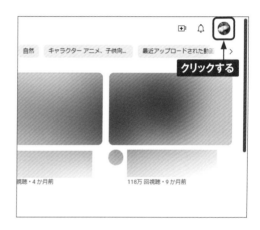

2 ［YouTube Studio］をクリックします。

第6章 チャンネルを管理する

136

3 [カスタマイズ] → [レイアウト] の順にクリックします。

②クリックする

①クリックする

4 「動画スポットライト」にある「チャンネル登録していないユーザー向けのチャンネル紹介動画」の [追加] をクリックします。

クリックする

5 チャンネルを紹介するために公開したい動画をクリックして選択します。

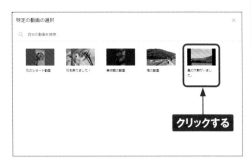

クリックする

6 [公開]をクリックすると、紹介動画が設定されます。

クリックする

137

Section

50

登録者向けに
おすすめ動画を表示する

チャンネルの登録者が自分のチャンネルホームページにアクセスしてくれた際に、おすすめの動画をハイライト表示にできます。

📺 登録者向けにおすすめ動画を表示する

① YouTubeのホーム画面で、アカウントアイコンをクリックします。

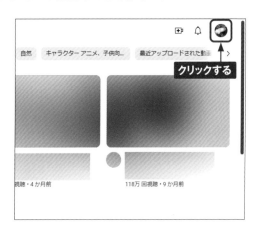

② [YouTube Studio] をクリックします。

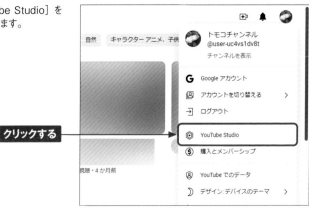

(3) [カスタマイズ] → [レイアウト] の順にクリックします。

② クリックする

① クリックする

(4) 「動画スポットライト」にある「チャンネル登録者向けのおすすめ動画」の [追加] をクリックします。

クリックする

(5) おすすめに設定したい動画をクリックして選択します。

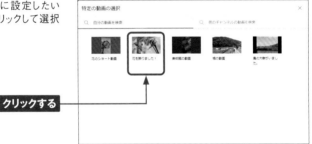

クリックする

(6) [公開] をクリックすると、おすすめ動画が設定されます。

クリックする

Section
51

投稿した動画の
再生リストを作成する

再生リストを作成して、投稿した動画をまとめることができます。シリーズやジャンルごとにリストを作成して動画に追加することで、視聴者が目当ての動画を探しやすくなります。

📺 投稿した動画の再生リストを作成する

（1）YouTubeのホーム画面で、アカウントアイコンをクリックします。

（2）[YouTube Studio] をクリックします。

（3）[作成] → [新しい再生リスト] の順にクリックします。

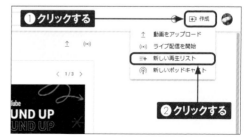

④ 再生リストのタイトルや説明を入力し、[作成] をクリックします。

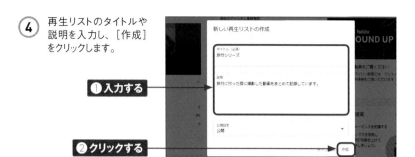

①入力する

②クリックする

⑤ [コンテンツ] → [再生リスト] → 作成した再生リストの順にクリックします。

①クリックする

③クリックする

②クリックする

⑥ [動画] → [動画を追加] → [既存の動画を選択] の順にクリックします。

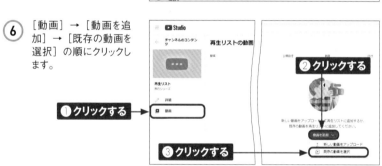

①クリックする

②クリックする

③クリックする

⑦ 追加したい動画をクリックして選択し、[完了] をクリックすると、再生リストに動画が追加されます。

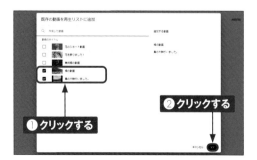

①クリックする

②クリックする

Section

52 承認したコメントのみ表示する

デフォルトでは、投稿した動画へのコメントがすべて許可されています。コメントを承認制に設定することで、コメントが保留され、チャンネル運営者に承認されたコメントだけが動画のコメント欄に表示されるようになります。

📹 コメントを承認制にする

1 YouTubeのホーム画面で、アカウントアイコンをクリックします。

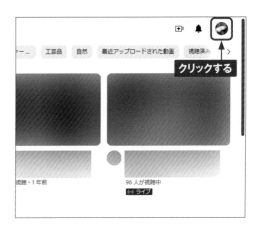

2 [YouTube Studio] をクリックします。

(3) ［コンテンツ］をクリック
します。

クリックする

(4) コメントを承認制にした
い動画を選択します。
ここではすべての動画を
承認制にするため、「動
画」の□をクリックしま
す。

クリックする

(5) 動画がすべて選択され
ます。［編集］をクリック
します。

クリックする

143

⑥ [コメント]をクリックします。

クリックする

⑦ [コメントの管理・標準]をクリックします。表示されていない場合は[オン]をクリックします。

クリックする

⑧ [すべて保留]をクリックし、[動画を更新]をクリックします。

②クリックする

①クリックする

⑨ [この操作の結果について理解しています]をクリックしてチェックを付け、[動画を更新]をクリックすると、コメントが承認制に設定されます。

②クリックする

本当によろしいですか？

選択した動画を更新しようとしています。この更新は、一度開始すると停止できません。

☑ この操作の結果について理解しています

①クリックする

キャンセル　動画を更新

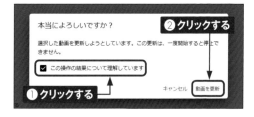

コメントを承認する

(1) Sec.21を参考にYou Tube Studioにログインし、[コメント]をクリックします。

クリックする

(2) 承認済みのコメントが表示されます。[確認のために保留中]をクリックします。

クリックする

(3) 保留中のコメントが表示されます。承認したいコメントの ✓ をクリックします。

クリックする

(4) コメントが承認され、「コメント」の「公開済み」に表示されます。

表示される

承認したユーザーの
コメントを常に表示する

コメントを承認制にすると、手動で承認するまでコメントは保留の状態です。親しい友人や知人など信頼できる相手は、承認済みユーザーに追加することで、常にコメントが表示されるように設定できます。

📺 承認したユーザーのコメントを常に表示する

(1) YouTubeのホーム画面で、アカウントアイコンをクリックします。

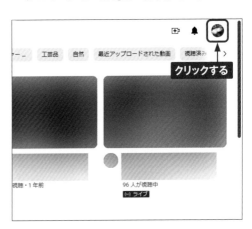

クリックする

(2) [YouTube Studio] をクリックします。

クリックする

トモコチャンネル
@user-uc4vs1dv8t
チャンネルを表示

G Google アカウント

⟳ アカウントを切り替える　　＞

→ ログアウト

◎ YouTube Studio

⑤ 購入とメンバーシップ

⑧ YouTube でのデータ

☽ デザイン: デバイスのテーマ　＞

(3) [コメント]をクリックします。

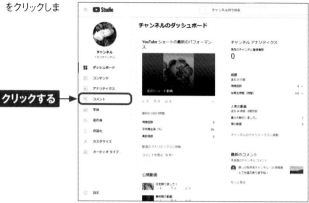

クリックする

(4) 動画に投稿されたコメントが表示されます。承認したいユーザーのコメントの :をクリックします。

クリックする

(5) [このユーザーのコメントを常に承認する]をクリックすると、ユーザーが承認されて、コメントが常に表示されるようになります。

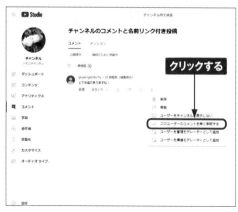

クリックする

特定の人のコメントを
ブロックする

スパムや迷惑コメントをするユーザーのコメントは、ブロックしましょう。ブロックした
ことは相手に通知されず、相手は通常どおりコメントを投稿でき、画面にも表示され
ます。ただし、チャンネル運営者とほかのユーザーには非表示となります。

特定の人のコメントをブロックする

1 YouTubeのホーム画面
で、アカウントアイコン
をクリックします。

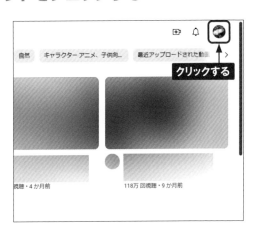

クリックする

2 ［YouTube Studio］を
クリックします。

クリックする

第 6 章　チャンネルを管理する

③ [コメント] をクリックします。

クリックする

④ ブロックしたいユーザーのコメントの：→ [ユーザーをチャンネルに表示しない] の順にクリックすると、ユーザーがブロックされます。

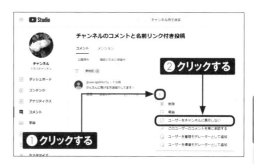

②クリックする

①クリックする

ブロックを解除する

① 誤ってコメントをブロックしてしまった場合は、上の手順④の画面で [設定] をクリックします。

クリックする

② [コミュニティ] → [自動フィルタ]の順にクリックして、ブロックを解除したいユーザーの ⊗ → [保存] の順にクリックすると、ブロックが解除されます。

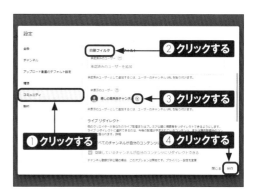

②クリックする

③クリックする

①クリックする

④クリックする

すべてのコメントを投稿できないようにする

投稿した動画へのコメントは、すべてオフに設定できます。特定の動画のコメントのみ無効にしたい場合は、P.85手順④の画面から設定できます。

📷 すべてのコメントを無効にする

① Sec.21を参考にYouTube Studioにログインし、[設定]をクリックします。

クリックする

② [アップロード動画のデフォルト設定]→[詳細設定]の順にクリックします。

①クリックする

②クリックする

③ 「コメント」の[オフ]→[保存]の順にクリックすると、アップロードされたすべてのYouTube動画のコメントが無効になります。

①クリックする

②クリックする

第 **7** 章

動画の再生回数を増やす

Section **56**　動画の再生回数がカウントされるしくみを知る

Section **57**　YouTubeアナリティクスで分析する

Section **58**　視聴者を引き付ける工夫をする

Section **59**　視聴維持率を上げる工夫をする～動画の序盤

Section **60**　視聴維持率を上げる工夫をする～動画の中盤

Section **61**　視聴維持率を上げる工夫をする～エンディング

Section **62**　視聴維持率を上げる工夫をする～公開後

Section **63**　再生リストを作成する

Section **64**　評価・コメントをしてもらう工夫をする

Section **65**　SNS・ブログにYouTubeの動画を貼り付ける

動画の再生回数が
カウントされるしくみを知る

動画の再生回数は、人気の動画や注目されている動画を知るための1つの指標です。再生回数がカウントされるしくみを知ることは、動画の再生数アップの第一歩です。

動画の再生回数がカウントされるしくみを知る

YouTubeに投稿されている動画の再生回数は、動画のサムネイルをクリックして再生することでカウントされます。不正を防止するため、再生回数を増やす目的で動画が再生された場合はカウントされず、動画の視聴を目的とした操作のみ、システムに反映されます。なお、動画の再生回数をカウントするしくみについて、YouTubeでは詳細な情報を公開していません。ただし、「エンゲージメント指標のカウント方法」（https://support.google.com/youtube/answer/2991785?hl=ja）におおよその指標が提示されています。

チャンネル運営者にとって、チャンネルを成長させたり広告収入を得たりするうえで、動画の再生回数は必要不可欠な数字です。視聴者にとっても、お気に入りの配信者や動画を応援する目的で貢献できるものです。どのように再生回数がカウントされるのか、把握しておきましょう。

🎬 再生回数を増やす方法

動画の再生回数を増やすには、視聴者がどのようなルートでYouTubeの動画にアクセスしているのかを知ることが大切です。動画のタイトル、概要欄、サムネイルなどに特定のキーワード・説明をしっかりと入力しておくことで、説明流入経路に動画が表示されやすくなり、再生回数を増やすことができます。

●ブラウザからの検索

GoogleやYahoo!などの検索エンジンでキーワードを検索した結果から動画にアクセスするルートです。

●YouTube内での検索

YouTubeのホーム画面でキーワードを入力して検索するルートです。関連性の高い動画が優先的に表示されます。

●関連動画

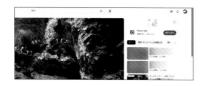

動画の再生画面の右側（スマートフォンでは下部）に表示されている、再生中の動画と関連性の高い動画です。最も再生されやすいルートです。

●ホーム画面・おすすめ動画

YouTubeのホーム画面に表示される動画です。過去の視聴データを参考に、自動的に動画が選択されています。

●再生回数がカウントされないケース

以下のケースは、動画の再生回数にカウントされないとされています。
・複数のデバイス、ウィンドウ／タブで同じ動画を再生する場合
・チャンネル運営者の自作自演で、同じアカウントで自分の動画を再生する場合
・同じ動画を短時間で何度も再生する場合
・動画の再生時間が極端に短い場合
・動画の再生回数を購入した場合（再生回数の売買はYouTubeの規則で禁止されている行為で、アカウント削除の対象になります。）

Section
57

YouTubeアナリティクス
で分析する

YouTubeのアナリティクスは、チャンネルを成長させるために欠かせない解析ツールです。投稿した各動画の視聴回数やクリック率などがわかります。なお、データが少ないと表示されない項目もあります。

チャンネルアナリティクスを表示する

① YouTubeのホーム画面で、アカウントアイコンをクリックします。

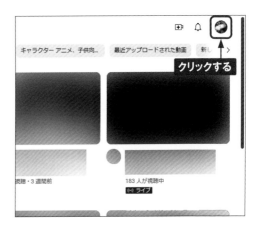

クリックする

② [YouTube Studio] をクリックします。

クリックする

3 [アナリティクス]をクリックします。

クリックする →

4 チャンネルアナリティクスが表示されます。[詳細モード]をクリックします。

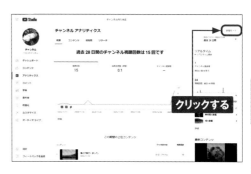

クリックする

5 より細分化された分析情報が表示されます。

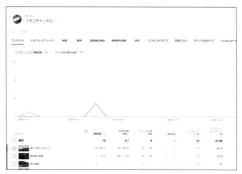

155

🎬 YouTubeアナリティクスで分析する

●概要

「概要」タブでは、YouTubeチャンネル全体の主要な指標がわかります。「視聴回数」「総再生時間」「チャンネル登録者数」「最新コンテンツ」「最新の動画ランキング」「各動画ごとの1回の視聴あたりの推定平均再生時間（分）」などの平均的なパフォーマンスを確認できます。

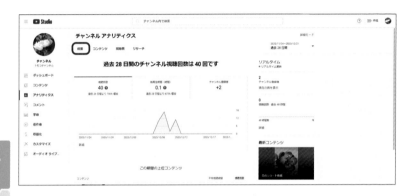

●コンテンツ

「コンテンツ」タブでは、視聴者が動画を見つけた方法や視聴回数などがグラフで表示され、「視聴回数」「インプレッション数」「インプレッションのクリック率」「平均視聴時間」「視聴者が動画を見つけた方法」「人気の動画」などがわかります。

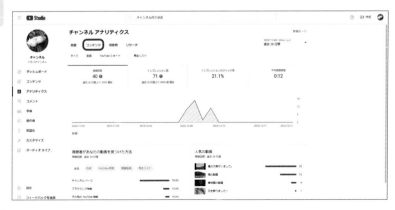

第7章 動画の再生回数を増やす

●視聴者

「視聴者」タブでは、視聴者についての詳細がわかります。「リピーターや新しい視聴者数のグラフ」「チャンネル登録者数」「視聴者がアクセスしている時間帯」「視聴者の年齢と性別」「視聴者が見ているほかのチャンネル」などを確認できます。自分の動画はどのようなユーザーに視聴される傾向があるのかを把握するのに役立ちます。

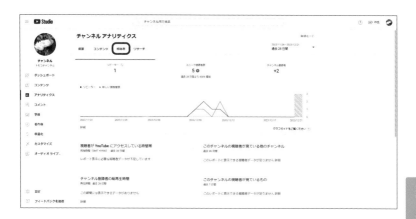

●インスピレーション

「インスピレーション」タブでは、視聴者がYouTubeで何を検索しているのかを確認できます。また、キーワードを入力して関連する視聴者のアクティビティを検索できます。

視聴者を引き付ける
工夫をする

動画の再生回数やチャンネル登録者、高評価などを獲得するためには、視聴者を
引き付ける工夫が必要です。動画の内容だけでなく、タイトルや編集などにも気を
配ることが大切です。

視聴者を引き付ける工夫をする

動画を視聴してもらうために、視聴者の目を引き付けるための手段はいろいろあります。1
つずつ実践するのではなく、できる範囲で複数の方法を常時実践していきましょう。はじ
めは不慣れなため時間と労力を消費しますが、慣れてくると、どの点に力を入れるべきか、
どのように工夫したらよいか、などがわかるようになります。コツコツと動画を作成して、
試行錯誤することが大切です。

「YouTube Creators」（https://www.youtube.com/intl/ja/creators/）や「クリエ
イター向けのヒント」（https://support.google.com/youtube/answer/12340300?hl
=ja）などのサイトでは、YouTubeクリエイターの役に立つ情報やヒントを紹介しています。
参考にしてみるとよいでしょう。

● わかりやすいタイトルにする

動画のタイトルは、どの動画を視聴するか迷っているユーザーが最初に目にするものです。そのため、一目見てどのような内容なのかを予測しやすいものにします。簡潔に、わかりやすい色と読みやすいフォントで、重要なワードを大々的にアピールします。

● 魅力的なサムネイルにする

華やかなデザインやひときわ目立つサムネイルにすると、似たタイトルが並んでいたとしても、クリックされる確率が上がります。ただし、サムネイルと動画の内容があまりに違うと、いわゆる「サムネ詐欺」として扱われてしまい、低評価の原因になるので要注意です。

● トレンドを意識する

YouTuberの間で流行しているドッキリやチャレンジ動画のほか、現在のトレンドを取り入れた動画は、おすすめや話題の動画として表示される確率が上がります。SNSなどを駆使して、急上昇中のキーワードや注目されているトピックなどを適宜チェックしておくことが大切です。

視聴維持率を上げる
工夫をする〜動画の序盤

「視聴維持率」とは、視聴者が動画をクリックしてからどれくらい動画を見続けたのかを示す指標です。動画の視聴維持率を上げるためには、まずは動画の入り口である序盤での工夫が大切です。

動画の序盤の工夫

YouTube Studioにログインすると、各動画の「視聴維持率」を確認できます。グラフの見方や解釈の方法は「視聴者維持率を左右する重要なシーンを測定する」(https://support.google.com/youtube/answer/9314415?hl=ja&ref_topic=9314350&sjid=16260254613070664561-AP)にアクセスすると確認でき、詳しい視聴者維持率のデータの考察が可能です。

●オープニングや前置きを短くする

視聴者は「思っていた内容と違う」と感じると、すぐに動画から離脱します。動画をクリックして数十秒の間に判断しているので、オープニングトークや雑談、内容の肝に入る前の前置きは短めにして、早めに本題に入るようにしましょう。

●繋ぎ言葉や無言の時間をなくす

動画の冒頭部分は、ファーストインプレッションとして重要です。「あー」「うーん」「えーっと」などの繋ぎ言葉が多く、視聴者側が次の言葉を聞くまでの待ち時間や無言の時間があると、よい印象を与えません。「続きを見たい!」という気持ちを引き出すことが重要です。

●動画冒頭でインパクトを残す

チャンネル名のアピール、お決まりのフレーズ、覚えやすい自己紹介などを動画の冒頭に入れます。「これからどんなトークをするんだろう?」といったワクワク感を演出でき、ブランディングにも繋がります。

●動画のダイジェストを伝える

これからどのようなことをするのか、改めて動画の内容を視聴者に向けて明確に説明します。このとき、タイトルやサムネイルに沿っていることが重要です。「釣り動画」「サムネイルの雰囲気と違う」と思われないように気を付けましょう。

動画の序盤の視聴維持率を確認する

1 P.85を参考に、「チャンネルのコンテンツ」画面で視聴維持率を確認したい動画をクリックします。

2 [アナリティクス]→[エンゲージメント]の順にクリックします。

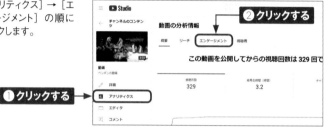

3 動画の「視聴者維持率」が表示されます。[詳細]をクリックします。

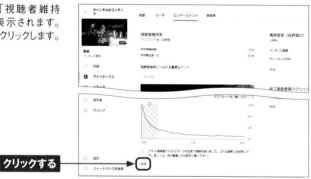

4 グラフ上の動画序盤の部分をクリックします。クリックした時間に合わせて、上部の動画の経過時間も変更されます。グラフ上にマウスカーソルを合わせると、その場所の視聴維持率と経過時間が表示されます。

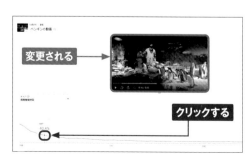

視聴維持率を上げる
工夫をする〜動画の中盤

動画の中盤の内容は、その動画の見所であり、視聴者が最も期待している部分です。構成をしっかりと練って撮影し、動画を作成しましょう。

動画の中盤の工夫

多くのYouTuberは、動画の見所となる部分を中盤〜終盤に配置しています。起承転結があり、ストーリー性のある動画は、最後まで視聴してもらえる確率が高まります。

動画の長さやジャンルなどにもよりますが、1つの目安として、視聴維持率が40%以上である動画はYouTubeからポジティブな評価を受けやすい傾向があります。YouTubeのアルゴリズム的に、おすすめや関連動画に表示される確率も上昇します。

●編集にこだわる

鮮やかなデザインやわかりやすいテロップなどは、視聴者に向けて動画の魅力を伝える有効な手段です。とくに動画の核となる中盤部分は長くなりがちなため、飽きさせない工夫が必要です。編集技術に自信がない場合は、経験のある動画編集者に外注する方法もあります。

●視聴者への問いかけをする

視聴者の共感を得られたり、メリットを感じたりする内容の動画であれば、視聴者の記憶に残りやすくリピートに繋がります。動画の途中で「みなさんはどう思いますか?」「私たちは○○でしたが、みなさんはどうでしたか?」「前回の動画でこんなコメントをいただいて…」などの問いかけをすることで、一緒にその場に参加しているような気持ちを共有できます。

●音楽やBGMをマッチさせる

動画の再生中に流れる音は、シチュエーションを盛り上げるための重要な演出となります。「バランスが合っていない」「音ズレがある」「無音状態が続いている」「音量が大きすぎて、肝心のトークが聞こえない」などの問題が発生しないよう、公開前と公開後に必ず確認しましょう。

●動画のテンポをよくする

いつまでも本題に入らず、なかなか核心に触れない動画は、途中で視聴者に飽きられます。視聴者の興味を引く情報を小出しにする、適度にメリハリをつけたトークをする、静止画像を使わずスムーズに画面を切り替えるなどの工夫をして、テンポよく動画を進行させましょう。

動画の中盤の視聴維持率を確認する

1 P.85を参考に、「チャンネルのコンテンツ」画面で視聴維持率を確認したい動画をクリックします。

2 [アナリティクス] → [エンゲージメント]の順にクリックします。

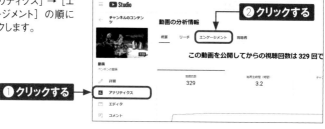

3 動画の「視聴者維持率」が表示されます。[詳細]をクリックします。

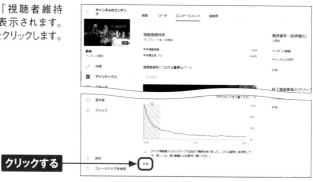

4 グラフ上の動画中盤の部分をクリックします。クリックした時間に合わせて、上部の動画の経過時間も変更されます。グラフ上にマウスカーソルを合わせると、その場所の視聴維持率と経過時間が表示されます。

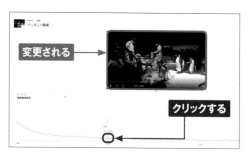

第7章 動画の再生回数を増やす

Section 61 視聴維持率を上げる工夫をする～エンディング

動画のエンディングは、動画の締めパートにあたる部分です。チャンネルのジャンルや方向性などによって個性が出る部分でもあるので、最後まで視聴してもらえるように魅力のあるエンディングを作成しましょう。

エンディングの工夫

動画の視聴維持率は、本編が終了したエンディング部分で減少する傾向があります。そのため、エンディングの途中で視聴者を離脱させないようにするには、さまざまな方法をくり返し試してみる必要があります。「最後に告知をする」「おまけのパートを作成する」「効果音を付ける」など、創意工夫をしてみましょう。

●最後まで有益な情報を提供し続ける

エンディングの途中で視聴者が離脱しないよう、最後まで注目される内容にする必要があります。その際、視聴者の興味を引く情報を提供することは大切ですが、長すぎるエンディングも嫌われます。エンディングは尻すぼみにならないように、短くきちんとまとめましょう。

●視聴者を巻き込む

動画をクリックするのは常連の視聴者のほか、新規の視聴者である可能性もあります。そのような視聴者向けにメッセージを残したり、「次回の動画は○○がテーマです」「リクエスト募集中！」などの発信をしたりして、コメントや高評価を獲得できるように努めましょう。

●チャンネル登録などを促す

動画を最後まで視聴してくれたユーザーは貴重です。エンディングを長引かせたりせずに、動画の序盤部分と同様に、エンディングのフレーズやお馴染みのまとめトークを用意しておき、最後の一押しとして、チャンネル登録をお願いしてみましょう。ちょっとした声かけや、一言添える気遣いを続けることが大切です。

●終了画面や説明文を追加する

動画の終了画面には、何らかの要素を追加するのがベストです。「再生リスト」「関連動画」などを追加して紹介することで、視聴者を別の動画に誘導できます。視聴者が連続して動画を視聴することで、チャンネル登録を促せます。詳しくは、第5章を参照してください。動画の説明文などに、キーワードや動画のURLを挿入しておくことも効果的です。

動画のエンディングの視聴維持率を確認する

1 P.85を参考に、「チャンネルのコンテンツ」画面で視聴維持率を確認したい動画をクリックします。

2 [アナリティクス] → [エンゲージメント] の順にクリックします。

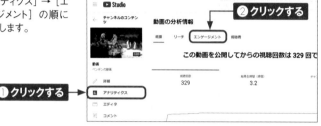

3 動画の「視聴者維持率」が表示されます。[詳細]をクリックします。

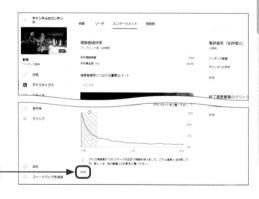

4 グラフ上の動画のエンディングの部分をクリックします。クリックした時間に合わせて、上部の動画の経過時間も変更されます。グラフ上にマウスカーソルを合わせると、その場所の視聴維持率と経過時間が表示されます。

Section

62

視聴維持率を上げる
工夫をする〜公開後

さまざまな対策を練って撮影し、編集して公開した動画でも、思うように視聴者からの反応を得られない場合があります。ここでは、動画の公開後に視聴維持率を上げる方法を紹介します。

公開後の工夫

YouTubeに動画を公開した後でも、視聴維持率を上げる方法はあります。視聴維持率のデータの処理は、公開してから1〜2日かかるといわれているため、ある程度データが集まる1〜2週間後を目安にデータを分析してみましょう。視聴者が離脱した部分やスキップした部分などから改善点を見つけ出して、動画を再編集することができます。

●アナリティクスを確認する

データ処理の時間は必要ですが、動画を公開後には、YouTube Studioのアナリティクス機能を利用してコンテンツを分析することができます。クリック率や視聴回数、視聴維持率など各項目を確認して、以降の動画作成の参考にしましょう。

●動画の時間を調整する

長過ぎる動画は途中でスキップや離脱をされがちで、適度に短い動画のほうが最後まで視聴してもらいやすくなります。動画のカットで前後の繋がりが不自然にならないように、画面をうまく切り替えたり、自然なカットを意識するなどして、短めに収まるように調整しましょう。

●SNSで発信する

SNSは、YouTubeユーザーのみならず、多くの人に向けてコンテンツを発信できる強力なツールです。「X」「ブログ」「Facebook」などを利用して、ハッシュタグを付けたりリンクを共有したりして、また違ったアプローチでさまざまな人の目に留まる機会を設けましょう。新たな視聴者の獲得が期待できます。

●動画を再編集する

動画をYouTubeへ公開した後でも、いつでも再編集ができます。音声や不要な部分のカット、モザイク処理、サムネイルの変更などを通して視聴者維持率の改善が期待できる場合があります。詳しい編集方法については、第5章を参照してください。

📹 動画の公開後の視聴維持率を確認する

1 P.85を参考に、「チャンネルのコンテンツ」画面で視聴維持率を確認したい動画をクリックします。

2 [アナリティクス] → [エンゲージメント] の順にクリックします。

3 動画の「視聴者維持率」が表示されます。[詳細]をクリックします。

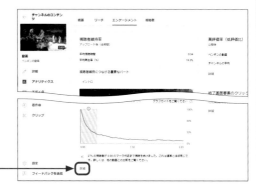

4 画面右上に表示されているデータの期間→[公開後] の順にクリックすると、公開後の視聴維持率が表示されます。

Section

63

再生リストを作成する

再生リストはかんたんに作成できて、チャンネルホームページからリスト内の動画を視聴できます。自分の動画の再生リストだけでなく（Sec.51参照）、ほかのユーザーの動画の再生リストを作成したり、追加したりすることが可能です。

動画の再生画面から再生リストを作成する

1 再生リストを作成したい動画を表示し、[保存]をクリックします。

クリックする

2 [新しい再生リストを作成]をクリックします。

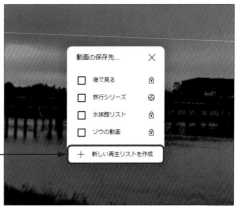

動画の保存先...

☐ 後で見る
☐ 旅行シリーズ
☐ 水族館リスト
☐ ソウの動画

クリックする　＋　新しい再生リストを作成

(3) 「名前」に再生リストの名前を入力し、「プライバシー設定」の∨をクリックします。

①入力する

②クリックする

(4) 公開範囲 (ここでは [公開]) をクリックして選択します。

クリックする

(5) [作成]をクリックすると、再生リストが作成されます。

クリックする

(6) YouTubeのホーム画面で [もっと見る] をクリックすると、作成した再生リストが表示されます。見たい再生リストをクリックすると、リストに保存した動画が一覧で表示されます。

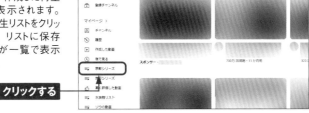

クリックする

評価・コメントを
してもらう工夫をする

YouTubeで動画を公開すると、再生回数やチャンネル登録者数に注目しがちですが、視聴者からの評価やコメントの数も重要です。ここでは、視聴者に評価やコメントをしてもらえるようになる方法を紹介します。

評価・コメントをしてもらう工夫をする

動画に対して視聴者から評価やコメントをしてもらうには、ちょっとした工夫が必要です。いくつかの方法を継続していくことで、安定したコメント数や再生回数を得られるようになります。

高評価やコメントをもらえたりすると、動画を作成するモチベーションの維持にも繋がるうえ、YouTubeのアルゴリズム的によい動画であると判断され、検索上位に表示される可能性が高まります。もちろん、再生回数を増やすことも、評価やコメントの増加に繋がります。そもそも全体の再生回数が少ないのであれば、まずは再生回数や視聴者数を増やすことに力を入れましょう。自分のチャンネルの登録者数や平均再生回数に応じて、アプローチの方法を考えましょう。

●動画内で呼びかけを行う

動画のエンディングなどで、「チャンネル登録・高評価などお願いします」「コメント待ってます」など出演者が視聴者に促す方法です。お決まりのフレーズを用意しておくと、アクションしてもらいやすくなります。

●コメントを投稿する

視聴者だけでなく、チャンネル運営者もコメントを投稿できます。動画内に加えて、コメント欄でも「高評価・コメントよろしくお願いします」などの呼びかけをすることで、一定の効果が期待できます。

●ユーザーに対してリアクションをする

肯定的なコメントや質問をしてくれたユーザーには、コメントを返信する、ハートを付けるなどのリアクションで応えると効果的です。

●視聴者と交流する

コメント欄で次回の動画のテーマを募集したり、コメントしてほしい内容を記載したりするなど、視聴者の意見を求めます。以降に公開する動画内でコメントしてもらった内容に触れたり、意見を反映したりすると、根強いファンを獲得できます。

📘 視聴者から評価・コメントをしてもらうメリット

●評価・コメントで得られるメリット

・再生回数がふるわなくても、コメント数や高評価が多いと検索時に上位に表示される可能性が高くなる
・コメントが次の動画の話題の参考になるほか、どのような動画が求められているのかといった視聴者のニーズを汲み取れる
・視聴者の意見や考えがわかるので、動画内で評価されている部分、逆に評価が低い理由などが判明し、動画の改善のヒントになる
・人気の動画や評価が高い動画のコメント欄などを参考にすると、自分の動画の改善点が見つかる可能性がある

Section
65

SNS・ブログにYouTube の動画を貼り付ける

SNSやブログなどを利用している場合は、それら複数のサービスからYouTube動画を発信することで、より多くの人に見てもらえる機会を得られます。

自分のSNSでYouTubeの動画を共有する

(1) 共有したい動画を表示し、[共有]をクリックします。

(2) 共有したいSNS（ここでは[X]）をクリックします。

(3) Xが表示されます。[ポストする]をクリックすると内容が投稿されます。

Memo チャンネルの収益化について

● 収益化の条件

自分のYouTubeチャンネルを収益化するには、チャンネル登録者数や公開した動画の本数をはじめ、いくつかの条件を満たす必要があります。「YouTubeで収益を得るには」（https://support.google.com/youtube/answer/72857?hl=ja）にアクセスして、どのような資格要件や基準があるのか、何で収益を得るのかなどを確認して、準備を進めましょう。

収益化機能を有効にするための最小限の資格要件

各機能にはそれぞれ異なる資格要件があります。各地域の法的要件により、一部の機能を利用できない場合があります。

YouTube パートナー プログラムに参加すると、次のような収益化機能を利用できるようになります。

	チャンネルの基準	最小要件
チャンネルメンバーシップ		・18 歳以上である ・チャンネル メンバーシップを利用できる国や地域に居住している ・課金国画面モジュールまたは購入入手手続きに関する課金国画面に同意している ・チャンネルが子ども向けとして設定されておらず、子ども向けに設定された動画が、対象外の動画の数が多くない ・SRAV 契約の下で運営されている音楽チャンネルではない ・要件の詳細については、こちらをご覧ください
	・チャンネル登録者数が500 人以上 ・過去 90 日間でアップロードした公開動画が 3 本	・チャンネル登録者数が基準に達している、または公式アーティスト チャンネルである ・チャンネルが子ども向けとして設定されておらず、子ども向けに設定された動画が多くない

● 収益化を設定するには

収益化を目指すには、さまざまなステップを踏む必要があります。上記の条件以外にも「Google AdSense」といったWebサイトを収益化できるサービスへのアカウント登録や「YouTubeパートナープログラム」への参加などが挙げられます。YouTube Studioにログインし、[収益化]をクリックして申し込むことができます。「参加要件」の[通知]をクリックすると、ユーザーが要件を満たした時点でメールで通知されるので、利用してみましょう。

索引

アルファベット

BGMを追加 …………………… 112
Canva ……………………… 64, 124
Chromeをインストール …………… 53
Googleアカウントでログイン ……… 22
Googleアカウントを設定
（Androidスマートフォン）………… 18
Googleアカウントを設定（パソコン）… 21
SEO対策 ……………………… 93
SMSでアカウントを確認 …………… 90
SNSで動画を共有する …………… 172
Webリンクを設定 ………………… 68
YouTube Creators …………… 158
YouTube Premium …………… 48
YouTube Studio ……………… 54
YouTubeアナリティクス ………… 154
YouTubeアナリティクスで分析 … 156
YouTubeにログインする
（Androidスマートフォン）………… 22
YouTubeにログインする
（パソコン）……………………… 23
YouTubeに投稿できる動画 ……… 76
YouTubeの特徴 ………………… 9
YouTubeパートナープログラム … 173
YouTubeヘルプ ………………… 26

あ行

新しいチャンネルを作成 …………… 52
後で見るに登録 ………………… 32
アプリをインストール（iPhone）…… 12
インターネット環境 ……………… 79
エンゲージメント指標のカウント方法
………………………………… 152
おすすめ動画 …………………… 138
オリジナルのサムネイル ………… 105

か行

概要タブ ………………………… 156
クリエイター向けのヒント …… 26, 158
広告収入 ………………………… 9
個人情報 ……………………… 81, 130
コミュニティガイドライン …………… 75
コメントを承認する ……………… 145
コメントを承認制にする ………… 142
コメントを投稿 …………………… 39
コメントをブロック ……………… 148
コメントを無効にする …………… 150
コンテンツタブ ………………… 156

さ行

再生回数がカウントされるしくみ … 152
再生回数を増やす方法 ………… 153
再生リストに登録 ……………… 40
再生リストに保存／解除 ………… 41
再生リストの動画を削除 ………… 45
再生リストの名前を変更 ………… 42
再生リストのプライバシー ………… 43
再生リストを作成 ……… 140, 168
再生履歴を削除 ………………… 37
再生履歴を表示 ………………… 36
撮影場所の許可取り…………… 80
サムネイルを作成 ……………… 124
視聴維持率 ……………………… 160
視聴維持率を上げる工夫
（動画のエンディング）…………… 164
視聴維持率を上げる工夫
（動画の公開後）………………… 166
視聴維持率を上げる工夫
（動画の序盤）………………… 160
視聴維持率を上げる工夫
（動画の中盤）………………… 162
視聴者タブ ……………………… 157

視聴者を引き付ける工夫 ………… 158
視聴率維持率を左右する
重要なシーンを測定する ………… 160
字幕を追加 ……………………… 114
紹介動画 ………………………… 136
肖像権 ………………………… 81, 106
ショート動画 ……………………… 46, 98
ショート動画のサムネイル ………… 101
スマートフォンから
ショート動画を投稿 ……………… 102
スマートフォンから動画を投稿 ……… 88
スマートフォンで
YouTube Studioを使う ………… 72

た行

チャンネル ……………………… 50
チャンネル登録ボタン …………… 118
チャンネルの管理画面 …………… 132
チャンネルのキーワード …………… 58
チャンネルの収益化 ……………… 173
チャンネルの説明 ………………… 56
チャンネルの名前 ………………… 54
チャンネルホームページ ………… 134
チャンネルを作成 ………………… 51
チャンネルを登録 ………………… 34
著作権 ………………………… 81, 106
通知をカスタマイズ ……………… 35
動画再生画面 …………………… 25
動画撮影用の機材 ……………… 78
動画投稿のルール ……………… 74
動画の管理画面 ………………… 84
動画の尺の上限 ………………… 77
動画の終了画面 ………………… 116
動画の説明 ……………………… 93
動画のタグ ……………………… 92

動画のタグのサムネイル ………… 104
動画の非公開／公開 …………… 94
動画の復元 ……………………… 86
動画の編集アプリ ………… 79, 109
動画を限定して公開 …………… 96
動画を再生する ………………… 28
動画を削除 ……………………… 86
動画を非公開で共有 …………… 95
動画を評価する ………………… 38
投稿者のチャンネルを表示 ……… 30
投稿できるファイル形式 ………… 76
トップページ …………………… 134
トップページを開く
（Androidスマートフォン）………… 14
トップページを開く（パソコン）……… 15
トリミング ……………………… 110

は行

パソコンからショート動画を投稿 … 100
パソコンから動画を投稿 ………… 82
バナー画像 ……………………… 62
評価・コメントをしてもらう工夫 …… 170
プライバシー …………………… 130
ブロックを解除 ………………… 149
プロフィールの写真 …………… 60
ホーム画面 ……………………… 24
ぼかし機能 ……………………… 128

ま行

メールアドレスを設定 …………… 70
メタデータ ……………………… 85

ら行

リサーチタブ …………………… 157
ロゴを追加 ……………………… 122

お問い合わせについて

本書に関するご質問については、本書に記載されている内容に関するもののみとさせていただきます。本書の内容と関係のないご質問につきましては、一切お答えできませんので、あらかじめご了承ください。また、電話でのご質問は受け付けておりませんので、必ずFAXか書面にて下記までお送りください。
なお、ご質問の際には、必ず以下の項目を明記していただきますようお願いいたします。

1 お名前
2 返信先の住所またはFAX番号
3 書名
　（ゼロからはじめる　YouTube　投稿＆編集技）
4 本書の該当ページ
5 ご使用のOSのバージョン
6 ご質問内容

なお、お送りいただいたご質問には、できる限り迅速にお答えできるよう努力いたしておりますが、場合によってはお答えするまでに時間がかかることがあります。また、回答の期日をご指定なさっても、ご希望にお応えできるとは限りません。あらかじめご了承くださいますよう、お願いいたします。ご質問の際に記載いただきました個人情報は、回答後速やかに破棄させていただきます。

お問い合わせ先

〒162-0846
東京都新宿区市谷左内町 21-13
株式会社技術評論社　書籍編集部
「ゼロからはじめる　YouTube　投稿＆編集技」質問係
FAX番号　03-3513-6167
URL：https://book.gihyo.jp/116

お問い合わせの例

FAX

1 お名前
　技術　太郎

2 返信先の住所またはFAX番号
　03-XXXX-XXXX

3 書名
　ゼロからはじめる
　YouTube
　投稿＆編集技

4 本書の該当ページ
　51ページ

5 ご使用のOSのバージョン
　Windows 11

6 ご質問内容
　手順3の画面が表示されない

ゼロからはじめる YouTube 投稿＆編集技

2024年3月19日　初版　第1刷発行
2024年9月3日　初版　第2刷発行

著者	リンクアップ
発行者	片岡　巌
発行所	株式会社　技術評論社
	東京都新宿区市谷左内町 21-13
電話	03-3513-6150　販売促進部
	03-3513-6160　書籍編集部
装丁	菊池　祐（ライラック）
本文デザイン・編集・DTP	リンクアップ
担当	田村　佳則
製本／印刷	TOPPANクロレ株式会社

定価はカバーに表示してあります。

ISBN978-4-297-14043-4 C3055

Printed in Japan